河道生态建设
——植物措施应用技术

韩玉玲　岳春雷　叶碎高　严齐斌
李贺鹏　陈友吾　邵利萍　赵聚国　　著
江锦红　王云南　应聪慧　聂国辉

中国水利水电出版社
www.waterpub.com.cn

内容提要

本书是一本应用植物措施进行河道生态建设和水生态修复的图书。该书全面阐述了植物措施在河道生态建设应用的理论基础，提出了不同类型河道物种选择及植物群落构建的原则和技术要点，建立了河道植物和河道植物群落综合评价指标体系，推荐了河道生态建设常用优良植物种类和健康稳定的植物群落模式，并进行了典型案例剖析和植物措施应用效益分析。

本书可供从事水利和林业生态建设的规划、设计、管理、科研人员学习、应用，也可供大中专院校师生和从事河道、水库生态建设的技术人员参考。

图书在版编目（CIP）数据

河道生态建设：植物措施应用技术/韩玉玲等著．—北京：中国水利水电出版社，2009
ISBN 978-7-5084-6698-9

Ⅰ．河…　Ⅱ．韩…　Ⅲ．植物-应用-河道-生态环境-建设-研究　Ⅳ．X321

中国版本图书馆CIP数据核字（2009）第131099号

书　名	**河道生态建设——植物措施应用技术**
作　者	韩玉玲　岳春雷　叶碎高　等　著
出版发行	中国水利水电出版社 （北京市海淀区玉渊潭南路1号D座　100038） 网址：www.waterpub.com.cn E-mail：sales@waterpub.com.cn 电话：（010）68367658（发行部）
经　售	北京科水图书销售中心（零售） 电话：（010）88383994、63202643、68545874 全国各地新华书店和相关出版物销售网点
排　版	中国水利水电出版社装帧出版部
印　刷	北京博图彩色印刷有限公司
规　格	210mm×285mm　16开本　15印张　295千字
版　次	2009年7月第1版　2012年7月第2次印刷
印　数	4001—6000册
定　价	**68.00**元

序

河流是生态系统的重要组成部分，是连接陆地生态系统和海洋生态系统的桥梁与纽带。自然状态下，河岸带特殊的生境是各种生物生活和栖息的天堂。然而，人们为了汲水、沐浴、嬉戏，采取砍伐、火烧等手段清除河岸带植被，以形成一条条能免除荆棘羁绊、蛇蝎攻击和猛兽威胁的通道；人们为了农业生产、城镇建设，对河流（或河道）裁弯取直、侵占滩涂，与水争地；人们为了行洪排涝、灌溉供水，渠化、硬化河道；人们为了交通航运，建设码头、缩窄河道。凡此种种，不一而足，这些看似体现“以人为本”理念的做法，其带来的结果却与人们的初衷背道而驰。原来可以淘米、洗菜的河水，现在连洗衣、洗脚都不行了；原来养育着肥美鱼虾的河水，现在连虫子都少见了……

随着工程技术的发展，人类整治、改造河道的能力迅速提高，不仅能铲除河岸带植物，也能通过改变生境控制植物的生长。然而，河流形态直线化、河道断面规则化、护岸材料硬质化虽然提高了河道行洪排涝和通航能力，却破坏了河流的自然生态系统，导致了河道生物多样性降低，河水自净能力下降，使河流失去了原有的生命力。

今天，有识之士重新诠释了“以人为本”的内涵，重新审视了人类对河流的干预，提出了“尊重自然，人水和谐”的治水理念，河道建设应以维持河流生态系统的生物多样性、维持河流健康生命为前提，提倡用生态工程技术保护河岸，维持水域、陆域生态系统之间的相互联系。

如果说人类文明的基础是人与人之间的相互理解、相互尊重，那么生态文明的基础就是对生态系统的理解与尊重。人类的建设活动应该建立在理解生态系统、尊重生态系统存在与演替规律的基础之上，在生态系统能够承载的限度之内索取人类生存、发展所需的物质资源和环境资源，最终实现人与自然和谐相处、社会经济可持续发展的目标。

河岸带植物具有固岸护坡、保持水土、拦截过滤、净化水质、生态修复、改善环境、调节气候、美化景观等作用。河道植物不仅在河流发挥生态功能方面具有不可替代的作用，也为动物、微生物提供食物和栖息地，为河流生物多样性奠定了基础。采用植物措施

进行河道生态建设涉及水利、环保、生态、林业等多个学科，是一项复杂的系统工程，需要有关部门相互协作、共同努力。限于对河道的建筑材料及河道植物的认识，一些地方在河道建设中采取的植物措施仍然存在着园林化、单一化的问题。浙江省科技厅和水利厅针对这一情况，组织水利、林业、环保等领域的专家，开展了“万里清水河道”建设植物措施应用研究。项目组经过多年不懈的努力，通过试验、示范和推广应用，总结并提炼出了一套适宜于河道生态建设的植物措施应用技术。同时，将这些植物措施应用实践与项目研究成果相结合，总结、提高并编纂出版，完成了科研成果及时向基础应用技术的转化职能，利国利民，值得推荐。该书全面阐述了植物措施在河道生态建设应用的理论基础，提出了不同类型河道植物种类选择及植物群落构建的原则和技术要点，建立了河道植物和河道植物群落综合评价指标体系，推荐了河道生态建设常用优良植物种类和健康稳定的植物群落模式，并进行了典型案例剖析和植物措施应用效益分析。该书提出的应用植物措施解决河道生态问题的方法和技术，既有一定的理论探索意义，又有很强的工程实用价值。希望这本跨学科、跨行业的应用型专著，在把浙江省“水清、流畅、岸绿、景美”的治河目标与模式展现给大家的同时，也能为我国应用植物措施进行水生态修复和河道生态建设提供有力的技术支持，为人与自然和谐共处的生态治水事业作出积极的贡献。

中国工程院院士

中国水利水电科学研究院水资源所所长

2009年6月

于北京

前言

河流是水资源、水环境、水文化的重要载体，是全球生态系统的重要组成部分，同时又是连接陆域生态系统与海洋生态系统的桥梁和纽带。河流本身又是具有生命的有机体，其所到之处都充满生机。河流健康状况，直接影响其功能的正常发挥。而河流生态安全，则直接影响生态文明建设。

然而，在以往的河流整治活动中，或是建设用地的要求，或是防洪、航运的需要，或是形象壮观的追求，或是从事河流整治人员的专业局限等诸多人为因素，改变了河流的天然形态，出现了过度“三化”（河流形态直线化、河道断面规则化、护岸材料硬质化）的河道。随着人类活动的急剧扩张，河流在一天天走向枯萎，曾经洁净万物的本源惨遭污染，河水不再清澈、鱼虾不再肥美、环境不再优雅、景色不再宜人，河流功能日益衰弱，健康状况堪忧，迫使人们重新思考使河流回归自然的可能性。人们逐渐认识到维持河流生物多样性和河流生命活力的重要性，积极探索河道生态建设的新方法、新技术，采取各种生态方法和工程技术使受损河流尽可能恢复至近自然状态，发挥其生态服务功能。为消除人类活动对河流系统的不利影响，西方发达国家和日本较早开展了河道生态人工修复研究，积极修建生态河堤，恢复河岸植被。我国在河道生态修复与建设方面的研究工作起步较晚，20世纪90年代后期，受欧美等一些发达国家的影响，开始重视水利工程设计和施工对生态环境的影响，并对河岸带植被的结构和功能、河道生态护坡（岸）的理论和技术等方面进行相关研究探索。2003年，浙江省全面启动了以“水清、流畅、岸绿、景美”为总目标的“万里清水河道建设”工程。为防止河道建设中出现过度“三化”现象，减少工程建设对生态系统产生的负面影响，浙江省水利厅和浙江省科技厅先后组织水利、林业、生态、水土保持等领域的专家开展了“河道建设植物措施应用调研”和“植物措施在‘万里清水河道建设’的应用研究”。项目组经过多年不懈的努力，通过试验研究和示范工程建设，总结提炼形成了一套完整、成熟、有效的河道生态建设植物措施应用技术。为进一步推广应用项目研究成果，满足各地河道生态建设的迫切需要，项目组成员撰写了《河道生态建设——植物措施应用技术》。

本书共分8章。第1章介绍国内外河道建设现状及发展趋势，总结植物措施在河道建设中的重要作用；第2章阐述现代水利工程学、生态学、环境科学、植物学等领域与河道生态建设植物措施应用技术有关的基础理论与基本原理；第3章提出河道生态建设植物种类选择原则和要点，并针对不同类型、不同功能河道和河道的不同河段、不同坡位的特点，推荐优良植物种类；第4章提出河道生态建设植物种类配置原则，详细阐述河道植物群落营造技术，并推荐不同类型河道植物种类配置模式；第5章重点介绍河道植物生长、病虫害防治等管理养护技术；第6章通过山丘区、平原区和沿海区典型河道植物措施应用案例分析，全面系统地介绍河道生态建设植物措施应用工程设计方法，并结合典型河道治理前后成效对比和植物措施应用一系列成果展示，形象直观地反映实际效果；第7章介绍河道建设植物措施应用生态效益、经济效益和社会效益的分析方法，为三大效益评价奠定基础；第8章详细介绍河道生态建设常用优良植物的形态特征、生态习性、繁殖方式以及在河道建设中应用的具体范围。

本书是浙江省科技厅和浙江省水利厅重点科技项目——“植物措施在‘万里清水河道建设’的应用研究”主要科研成果。在撰写过程中，力求以通俗易懂的语言，图文并茂的形式，得到读者共鸣。为更好地指导各地采用植物措施进行河道生态建设，作者先期撰写了《河道生态建设——河道植物资源》，与本书形成河道生态建设的姊妹篇，两者既可配套使用，也可根据各地实际工作需要独立选用。

本书可供从事水利与林业生态建设的规划、设计、管理、科研人员学习、应用，也可供大中专院校师生和从事河道（渠道）、水库（山塘、池塘）生态建设的乡镇技术人员借鉴参考。

本书由多年从事水利、林业、水土保持、环境保护等专业的技术人员共同努力编撰完成，由韩玉玲、岳春雷、叶碎高统稿。本书是项目组成员集体智慧的结晶。杜国坚、张锦娟、宋绪忠、崔丹参加了项目研究工作，海宁市水利局许明华、姚晓红、罗帷，慈溪市

水利局陈利强、杨洪斌、孙建锁、施孟杰、周华杰，义乌市水务局王瑞琪、邵志平、成庆华，永康市水务局朱志伟、胡志标，上虞市水利局胡幼康、金健，温岭市水利局江福六、赵传朋、梁道斌等参加了当地试验、示范河道建设和研究工作。余杭区林水局、龙游县水利局、平湖市水利局、安吉县水利局、南浔区水利局、龙泉市水利局、东阳市水利局、浙江省灌溉试验中心站等单位也承担了项目研究示范河道建设任务。在项目研究中，得到了中国工程院王浩院士和中国科学院赵其国院士，以及许文斌、杨炯、章仁俊、常杰、许利群、蒋屏、伍远康等专家的指导，同时浙江省水利厅和浙江省科技厅领导也给予了极大的关心与支持。在本书撰写过程中，浙江省河道管理总站陈永明主任、方自亮副主任和江海洋副主任给予了许多帮助，并提出了宝贵的建议；徐晔春、金水虎、高洪娣、莫仁荣、刘柏良、吴加宁等同志提供了部分精美的图片；张晓勉、骆勇军、胡玲、王帅也做了有益的工作。在本书出版之际一并表示最诚挚的感谢！

河道生态建设植物措施应用技术需要在实践应用中不断完善，在理论上不断总结提高。由于作者理论水平和专业知识所限，文中恐有疏漏和不妥之处，敬请各位专家、同仁和各界读者提出宝贵意见和建议。

作　者

2009年6月

于杭州

目录

第1章　概　　述

地球陆地表面生长着各种各样的植物，生长在河流及其两岸的植物种类尤为丰富。植物为人类及其他动物、微生物提供生存、发育必需的物质、能量、栖息地和适宜的环境，是地球上生命存在和发展的基础。河流是地球的血脉，是人类文明的摇篮。河流不仅为人类带来丰富的物质资源，还为人类提供便捷、廉价的航运条件，河流与人类的生活、生产息息相关。但随着人口的增加、经济的发展，人类对河流的干预不断增强，河流生态系统遭受的胁迫也日益严重，河岸植被急剧减少，取而代之的是硬化河岸，从而削弱了水域与陆域的联系，降低了水体自净能力，导致河流生态系统退化，威胁河流的健康生命。植物作为河流生态系统的重要结构组分，在固土护坡、保持水土、水质净化、塑造河流景观等方面具有极其重要的功能。因此，采用植物措施对受损河道进行生态修复，重建河道生态环境，恢复河流健康，实现人与自然的和谐，达到“水清、流畅、岸绿、景美” 的治河目标具有十分重要的现实意义。

1.1 河道概况

1.1.1 河道概念

自古以来，河流带来人类繁衍生息所需的肥沃土壤、水源、水产品等物质资源，宣泄多余的洪水、涝水以保护人类家园，提供方便、低廉的交通运输条件，营造适宜的气候环境和异彩纷呈的视觉景观。为此，世界各大主要文明无一例外地发祥于河流两岸，世界各大主要城市也都滨水而建设、发展，足见河流在人类社会生存发展过程中的重要作用。河流是降到地表的雨水、积雪、冰川和涌出地面的地下水等通过重力作用，由高向低，在地表低处呈带状流淌的水流及其流经土地的总称。人们为了航运、取水和防洪排涝等目的，对河流实施疏浚、拓宽、护岸、筑堤，甚至缩窄、裁弯取直等整治工程，使其满足人类生存和发展的需要。目前，我国许多河流都进行了人工改造。河道是水流的通道，是指河流及其两岸堤防（或河岸线）之间的水面、边滩、沙洲等构成的整体。河道具有行洪排涝、供水灌溉、输水排沙、交通航运、水量调蓄、水质保护、渔业水产、景观休闲、生态环境、水能发电等功能。

1.1.2 河道特点

我国幅员辽阔，地形多样，气候复杂，发育形成数量众多的河流（河道）。但由于气象水文、地形地貌等条件不同，地区之间存在着显著差异。根据河道流经区域的地貌特征，可将河道划分为山丘区河道、平原区河道和沿海区河道三大类型。其中，山丘区河道是山区河道和丘陵区河道的总称。山区河道的水系格局与河流走向受构造运动的影响很大，以侵蚀下切为主，由于沿程构造和岩性的变化，常发展形成宽窄相间的藕节状外形和特殊的河形，两岸缺少宽阔的河漫滩，常有明显可辨的台地；河床断面多为窄深的V字形或U字形；纵坡一般较陡，局部形态极不规则，急滩深潭上下交替。山区河道一般不利于航行，但水力资源较为丰富。丘陵区河道相对于山区河道来说，河流坡度减缓，下切力减弱，侧向侵蚀力加强，河槽变宽，两岸有滩地，河床较稳定。平原区河道流经地势相对平坦，水流开始向平面扩散，加以坡降迅速减缓，导致水流速度降低，泥沙淤积增加，河床断面多为U字形或宽W字形，较为宽浅，一些河道还存在双向流现象。平原区河道密度大，往往形成河网。沿海地区地势平坦，河港交错，形成沿海河网。沿海区河道的几何形状和水动力学特征等与平原区河道相似，但也有其特殊性，如河道土质含沙量高而土壤颗粒之间凝聚力低、稳定性差，岸坡土壤含盐量较高，河道岸坡易遭台风风蚀和暴雨侵蚀等。河口区河道也纳入沿海区河道的范围，这些区域的河道大多受潮汐影响。例如，浙江省入海河流受潮汐影响的河段长度平均为38%，而钱塘江受潮汐影响的河段长度可达282km，占河流总长的42%。河口段一般受潮水顶托，潮差大，受潮汐影响的河段长，排水不畅，对防潮、防洪和淡水资源利用带来不利影响。

河流有其自身产生、发展、演变的客观规律。河流生态系统是一个四维系统，即具有纵向、横向、竖向和时间尺度的生态系统（Ward，1989；Stanford 、Ward，1993；Ward 、Stanford，1995；Church，2002）。纵向上，从河源到河口，河流是一个线性系统，根据河道流经区域的地形地貌特征，可将河道分为山丘区河道、平原区河道和沿海区河道；按照河道流经的区域不同，可将河道分为城市（镇）河段、乡村河段和其他河段。横向上，河道与周围的河滩、静水区、河汊等形成了复杂的系统，而河岸带（边滩和岸坡）形成河道坡面系统。依据河道水位及其变化特征，将河道坡面系统分为常水位至河底（边滩）、常水位至设计洪水位之间坡面（水位变动区）、设计洪水位至坡顶坡面和坡顶平面（坡顶附近区域）共4个坡段。竖向上，河床、边滩、台地等具有不同高程，并发挥着不同作用；与河流发生相互作用的垂直范围不仅包括地下水对河流水文要素和化学成分的影响，而且还包括生活在河床底质中的有机体与河流的相互作用。时间尺度上，河道生态系统处于动态变化中，每个河流生态系统都有它自己的历史和随着时间变化而演变的特点。河道水域生态系统就是随着降水、产汇流及潮水涨落等条件在时间与空间中扩展或收缩的动态系统。河流生态系统与陆地生态系统相互依存，在联系陆地生态系统与海洋生态系统中起着桥梁和纽带的作用，沟通陆地生态系统与海洋生态系统之间的物质流、能量流与信息流。

1.1.3 河道植物资源

河流生态系统兼具水体和陆地的综合特征，生境复杂多样，是各种生物的重要栖息地。河岸带是水域与陆域间的过渡带，是两种生境交汇的区域，由于异质性高，适宜多种生物生长、发育，显著优于陆地或单纯水域。然而植物作为河流生态系统的重要组成部分，从水体到河岸依次分布着沉水植物、浮水植物、挺水植物、湿生植物、中生植物等的层状结构。另外，河口地区分布着滨海盐生沼泽，热带及亚热带地区有红树林植被等。

我国地域广阔，河道类型多样、生境复杂，河道植物种类相对丰富。目前我国河道植物以禾本科、莎草科、菊科、唇形科、蓼科、毛茛科、藜科、蔷薇科、豆科种类居多。河道植物区系的性质为温带特性，植物生态类型有中生植物、湿生植物、水生植物、旱生植物等，其中旱生植物主要分布在我国荒漠地区的河道。河道植被类型有木本植被和草本植被，以草本植被为主。植被类型分布受自然条件的影响和自然分异规律控制，在植被起源上，多为自然起源；在寒温带、温带湿润半湿润地区，以苔草、芦苇植被为主；在暖温带、亚热带湿润半湿润地区有多种河道植被，如枫杨林、江南桤木林、水杉林、柳林、杨林、芦苇、水烛、苔草、荻、狗牙根、菱群落等；在滇西南山区和东南沿海平原的热带湿润气候区，以热带植物组成的河道植被为主。另外，河口地区生活着特有的盐沼或红树林植被等。

以浙江省为例，该省气候温和、降水丰富，立地类型复杂，形成了多样性的河道生境，蕴藏着丰富的植物资源。据浙江省河道植物资源系统调研，共有维管束植物1178种（包括种下分类等级），隶属153科，其中蕨类植物19科29属40种，裸子植物4科6属9种，被子植物130科536属1129种。根据植物适应特性分类，分别有中生植物832种、湿生植物214种、水生植物132种。河道植被类型多样，共划分为针叶林河道植被型组、阔叶林河道植被型组、竹林河道植被型组、灌丛河道植被型组、草本河道植被型组、水域河道植被型组等6个植被型组，13个植被型，75个群系（韩玉玲等，2009）。

1.2 河道生态建设

1.2.1 国外河道建设现状

河道的产生、发展、演变并不需要人类的参与或干预，自然界并不需要人类搞“河道建设”。所谓的河道建设，是人类为了自身利益或喜好而进行的一系列干预河道存在形态和演变规律的行为。原始状态下，河流有足够的宽度，有深槽、有浅滩、有台地，河道两岸或宽或窄都有滨水植物缓冲带。人类为了汲水、捕鱼、亲近河水，开始砍伐河边植物；为了免除年年砍伐的劳累，人们铲除河边植物；为了与水争地，人们强行缩窄河道、裁弯取直、改变河流走向；为了稳定失去植物保护的河岸和岸边的家园，人们开始使用硬质材料铺砌河岸。这些行为都属于河道建设行为。长期以来，河道建设往往侧重于防洪、排涝、水运、灌溉等为人类直接服务的功能，河道平面形状直线化，断面形状规则化，护岸材料硬质化现象比较普遍。本来，河流因植物、动物、微生物的生存繁衍，具有极强的自净能力和生命活力。河流的自净能力相当于河流生态系统的“代谢能力”。而这些河道建设行为，隔离了河道水体与河岸的连续性，导致了河岸植物群落丧失，破坏了河道连接水生态系统和陆地生态系统的纽带作用，削弱了河流的生态服务功能，使原本充满生机与活力，存在荆蔓与野兽的河岸，在免除羁绊和威胁的同时，也丧失了“代谢能力”和生命活力。另外，大量未经净化处理的生活污水、工业废水和农业废水直接排入河流，超出了河流生态系统的“代谢能力”，导致河流水质恶化，使河流水生态系统遭到严重破坏。

为控制、缓解人类活动对河流系统的不利影响，一些国家较早开展了河道建设技术与方法的研究，最早的河道工程修复研究始于欧洲。19世纪中期欧洲工业蓬勃发展，阿尔卑斯山区成为中欧的工业基地。由于开矿山、修公路、建电站，大规模砍伐森林，破坏了植被，造成山洪、泥石流、雪崩等频繁发生，引起了该地区各国的关注。1846~1884年间，法国政府制定了森林法及水资源利用法，为了与山洪和山地灾害斗争，兴建了大规模的河流整治工程。经过近百年的治理，大批工程设施发挥了作用，对山洪和山地灾害有所遏制。但随着水利工程的大量兴建，也出现了许多负面效应。特别是随着大量移民迁入，山区旅游事业激增，这些负面效应愈显突出。主要是传统水利工程兴建后，生物的种类和数量都明显下降，生物多样性降低，人居环境质量有所恶化，社会舆论要求保护阿尔卑斯山区，呼吁回归自然。

20世纪50年代德国正式创立了“近自然河道治理工程”，提出河道的整治要符合植物化和生命化的原理。阿尔卑斯山区相关国家，诸如德国、瑞士、奥地利等国，在河川治理方面积累了丰富的经验。这些国家制定的河川治理方案，注重发挥河流生态系统的整体功能；注重河流在三维空间的分布、动物迁徙和生态过程中相互制约和相互影响的作用；注重河流作为生态景观和基因库的作用。20世纪80年代开始，欧洲工程界对水利工程的建设理念进行了深刻的反思，认识到河流治理不但要符合工程设计原理还要符合生态学原理，不能把河流系统从自然生态系统中割裂出来。欧洲陆续有一批河流生态治理工程获得成功，同时相应出现了一些河流治理生态工程理论和技术，如瑞士、德国等国家于20世纪80年代末提出了“自然型护岸”技术。日本在20世纪80年代响起“亲水”的呼声，90年代初开展了“创造多自然型河川计划”， 提出“多自然型河道建设”技术，并且在生态型护坡结构方面做了大量研究。1991年开始推行重视创造变化水边环境的河道施工方法，即“多自然型河道建设”。通过对河道进行“多自然型护堤法”改造，覆盖土壤、种植植被等，有效地促进了地下水的渗透和水的良性循环，提高了水边环境的自然净化功能，形成了良好的河流景观与滨水环境。

20世纪90年代中后期，美国以及欧洲一些国家较为常用的技术是“土壤生物工程”护岸技术。该项技术是从最原始的柴木枝条防护措施发展而来的，经过多年的研究，现已形成一套完整的理论体系和施工方法。河流治理生态工程技术在欧美得到了广泛的应用。美国、法国、瑞士、奥地利等国积极修建生态河堤，恢复河岸水边植物群落与河畔树林；美国在新泽西州建设的生态护岸工程，抵御了1999年“弗洛伊德”飓风的袭击，生态护岸基本没有损坏，证明了生态护坡的实用性与可靠性。与传统工程方法比较，河道治理生态工程的突出特点是流域内的生物多样性有了明显增长，生物生产力提高，生物种类和密度成倍增加。治理后另一个特点是河流自净能力明显提高，水质得到大幅度改善。

1.2.2 我国河道建设现状

我国在河岸带生态修复方面的研究工作起步较晚。20世纪90年代后期，由于全球生态环境恶化加剧，保护生态环境的呼声日益强烈，同时受欧美等一些发达国家的影响，我国开始重视在河道治理中保护河流生态系统，着手研究在工程建设中应用生态修复技术实现河道生态系统的保护。如胡海泓（1999）在广西壮族自治区漓江治理工程中提出了笼石挡墙、网笼垫块护坡、复合植被护坡等生态型护岸技术；在引滦入唐工程中，陈海波（2001）提出网格反滤生物组合护坡技术；周跃（2000）提出了“坡面生物工程”技术。全国各地建设了一批生态河堤试验工程，具有代表性的工程包括广西壮族自治区桂林市漓江生态河道建设工程、四川省成都市府南河望江公园多自然型护岸试验工程、浙江省海宁市平原生态河道试点工程等。21世纪初，浙江省在河道生态建设方面进行了有益的探索与实践，2001年提出开展以改善水环境为重点的河道综合整治，2003年全面启动了以“水清、流畅、岸绿、景美”为总目标的“万里清水河道建设”工程，为充分体现“尊重自然、以人为本、人水和谐”的生态治水理念，避免河道建设中出现的过度“三化”（河流形态直线化、河道断面规则化、护岸材料硬质化）现象，减少工程建设对生态系统产生的负面影响，2003年浙江省水利厅制定印发了《“万里清水河道建设”技术要求》，2004年开展“河道建设植物措施应用调研”，2005年开展“植物措施在‘万里清水河道建设’的应用研究”，并在《“万里清水河道建设”技术要求》的基础上制定了浙江省地方标准——《河道建设标准》（DB33 / T 614—2006）和《河道生态建设技术规范》（DB33/1038—2007）。目前，“万里清水河道建设”累计投资220多亿元，完成河道建设长度超过2万km。“植物措施在‘万里清水河道建设’的应用研究”项目，结合“万里清水河道建设”工程，采取边研究、边试验、边示范、边推广的方式，在浙江省各地开展试验、示范和推广工程建设。通过研究与实践，形成了一套系统的河道生态建设植物措施应用技术。

1.2.3 河道建设的新趋势

随着社会经济的发展，人们对河流生态环境的认识和要求不断提高，传统水利工程措施（在河床、河岸铺设混凝土、浆砌石等硬质材料）的治河方法已被各国普遍否定，建设生态河堤已成为国际生态治河的大趋势。随着我国河道建设工程的深入实施和治河理论的不断完善，河道建设的理念和技术都发生了明显的变化，在满足河道主导功能要求的前提下，人们开始关心河流生态系统的服务功能，关注河道生态建设。

河道生态建设是融现代水利工程学、环境科学、生物科学、生态学、美学等学科为一体的水利工程。它是在不影响岸坡安全性、耐久性的前提下，以“保护、创造生物良好的生存环境和自然景观”为目标，充分考虑生态效果，把河堤由传统的结构改造成为水体和陆地、生物相互作用的，适合生物生长、发育的区域，最终使受损河流尽可能恢复至近自然或人们期望的状态，实现其生态服务功能（Palmer 等，2004）。利用植物对河道进行生态修复与重建，已成为河道生态建设的重要内容，植物措施在生态治河中将发挥独特的、无法替代的作用。

1.3 植物措施的主要类型

生态护坡技术是在传统护坡技术的基础上，根据所采用植物的比例多少而加以分类。根据Gray 和 Sotir（1995）的分类，可将生态护坡技术分为土壤生物工程方法（Soil Bioengineering）和生物稳定技术（Biotechnical Stabilization）。其中，土壤生物工程方法指只用有生命力的植物进行边坡稳定设计的方法；生物稳定技术指整合具生命力的植物与无生命力的力学元件（如土工织物、土钉、石笼等）的边坡稳定技术措施（拱祥生、林宏达，2003）。鉴于此，河道生态建设中，植物措施可分为单纯植物护坡技术和植物工程复合技术两大类。

1.3.1 单纯植物护坡技术

单纯植物护坡技术是指河道生态建设中全部采用植物进行河道岸坡保护的技术。该技术主要用于河道堤岸坡度相对较缓、稳定性较好、土层深厚且种植层与地下层连接的河道堤岸防护。

单纯植物护坡技术主要指乔灌草结合的护坡技术。该技术是指从河道堤岸坡脚至坡顶依次种植沉水植物、浮叶植物、挺水植物、湿生和中生植物（乔灌草）等一系列护坡植物，形成多层次生态防护，兼顾生态功能和景观功能的堤岸防护技术。挺水、浮叶以及沉水植物，能有效减缓波浪对堤岸水位变动区的侵蚀和船行波及水流的冲刷。坡面常水位以上种植耐湿性强、固土能力强的草本、灌木及乔木，共同构成完善的生态护坡系统，既能有效地防治土壤侵蚀、固土护坡，又能改善生态、美化河岸景观。该技术主要应用于那些植被稀少、品种单一、景观环境要求较高的河段。例如，浙江省海宁市后富亭子港、义乌市大陈江的植物措施护岸，见图1-1和图1-2。

除了种植乔灌草进行堤岸防护外，在河道建设中还可利用以能生根的植物茎枝等进行护坡技术，如活枝扦插技术、活枝柴笼技术、活枝层栽技术、灌丛垫技术、栅栏墙技术等（张利权、李小平，2005）。活枝扦插技术是利用可以生根的植物活枝直接扦插或按压进入坡岸土壤，活枝生根后可将岸坡土壤颗粒连固在一起，同时吸收多余的土壤水分。该技术适用于生态

图1-1 海宁市后富亭子港（韩玉玲　摄）

图1-2 义乌市大陈江（义乌市水利局提供）

问题比较简单、水力学问题不大的河段。活枝柴笼技术是将可生根植物（比如杞柳、山茱萸、桤木）的茎、枝用绳索捆成长条形扎束（柴笼），并用木楔或活枝固定在斜坡的浅槽中，浅槽一般是沿水平或等高线方向伸展，适用于坡岸较缓边坡（河岸、山地边坡、湖泊水库等），最适用于设计洪水位以上的岸坡区域，通常也运用于常水位与设计洪水位之间的水位变动区域。活枝层栽技术是把活的有根枝条按交叉或重叠的方式水平种植在土层间，枝层间的土层可以使用土工织物包起，以防在枝条成长初期垮塌、淋蚀、冲蚀。其生态效果为枝条顶部向外，根部垂直埋入坡岸，可有效延缓坡岸径流流速，截留悬浮物，较活枝捆插更有效地改善坡岸植被环境。该技术可应用于当地先锋灌木物种较丰富的地方，适用于坡岸较陡、表面径流较大的河道。灌丛垫是覆盖在河岸上用来稳定坡岸的活体桩、柴笼以及树枝的组合体。活枝条编织成网层结构，根部斜向下插入，枝条覆盖在岸坡表层，并且枝条的根部在土内深插，枝条可以发育生长根系，能够成活并在地表形成绿色植被覆盖层。栅栏墙技术是通过具有活力的栅栏墙进行护坡的技术。将许多未经处理的圆木或树干连锁式排列而成的盒状体，一旦它们生根并固定下来，新长出的植被将逐渐发挥出所有木材的结构性功能。但是此方法使用的前提是河道的河床必须稳定。此方法可加固岸坡坡脚，防止岸坡水流冲刷，增强河道的自然性，为水生动物提供良好的生境。该技术可用于水流冲刷较强的凹岸，河道狭窄和需要设置垂直防护结构的河段，以及某些正受到侵蚀而可能最终形成裂缝的河岸。

在采用单纯植物护坡技术进行河道生态建设时，需要根据河流所在区域的土壤特征、水文条件、气候状况等选用适宜的植物配置模式。

1.3.2 植物工程复合技术

植物工程复合技术是生物技术与工程技术相结合的复合式生态护坡技术。这种生态护坡技术强调活体植物与工程措施相结合，技术核心是植生基质材料，依靠锚杆、植生基质、复合材料网和植被的共同作用，达到对河道堤岸进行防护的目的。该技术主要用于河道堤岸坡度较陡、岸坡稳定性差、水流冲刷严重的河段。

（1）土工格栅—灌木层插和石笼—灌丛层插。土工格栅是水利工程建设中常用的建筑材料，每一层土工格栅都固定一层土壤，将可生根的灌木柳枝栽插在两层土工格栅之间的土坡中，就形成了土工格栅—灌木层插的复合式土壤生物工程固坡结构。此方法的种植过程比简单灌丛层插要复杂，成本较高；但可构造一个全新结构的、具有很好固土效果的、抗冲刷性能强的生态岸坡，恢复冲蚀比较严重的河道凹岸生态环境，见图1-3。

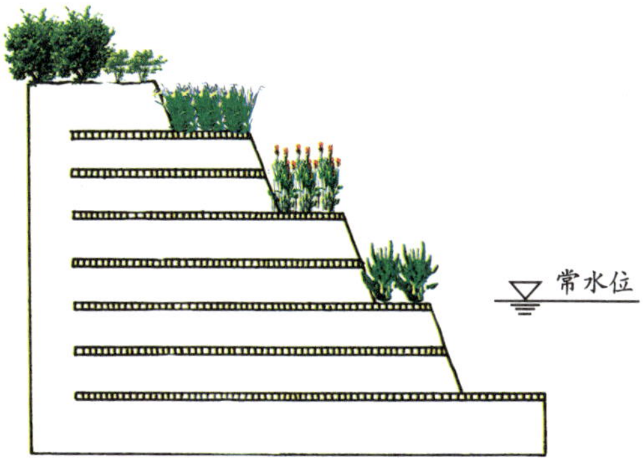

图1-3 土工格栅陡坡加固

石笼是将石块装入金属丝网内（通常为镀锌铁丝）形成的一种固坡结构；将可生根的灌木柳枝栽插在石笼之间或之中的土坡中，就形成了石笼—灌木层插复合的土壤生物工程固坡结构。其设计特征是强调坡脚的设计，构建抗冲刷性强的生态岸坡系统，固坡效果好。在生态岸坡的实际设计中，结合多种土壤生物工程技术的组合式生态护坡通常比任何单一的土壤生物工程护坡技术都有效。以“点、线、面”的基本种植形式，达到全方位立体式的生态护坡效果，见图1-4。

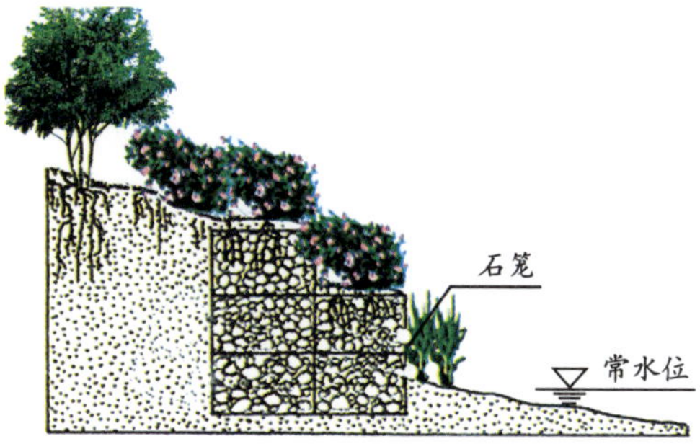

图1-4 石笼陡坡加固

上述两项复合技术，均适用于流速大、坡度陡、坡体易崩塌的河岸，多用于填坡护岸。垂直方向上最适用于常水位与设计洪水位之间的水位变动区，也可用于常水位以下的坡脚防护。

陈小华和李小平（2007）采用上述复合技术进行河道修复研究，发现该技术对河岸的稳固作用很有效，护坡植物杞柳生长良好，但建设成本和施工难度较高，且石笼、土工格栅等人工基质不适合其他本地植物的生长，导致植物群落结构单一，多样性较低。利用植物工程方法进行河道生态建设，必须遵循生态工程的原理，实现植物与工程的有机结合，方能取得最佳生态修复效果（Li 等，2006）。

（2）三维植被网护岸技术。原用于山区公路边坡防护，现在也被用于河道岸坡的防护。它是以热塑性树脂为原料，经挤出、拉伸焊接、收缩等一系列工艺制成的两层或多层表面呈凸凹不平网袋状的层状结构孔网，网底层为一个高模量基础层，采用双向拉伸技术，具有一定的弹性和强度，可防止植被网变形，并能有效防止水土流失（夏继红、严忠民，2004）。网表面为一个起泡层，蓬松的网袋内有较大的容土空间，植草覆盖率高，这种三维结构保证草籽更好地与土壤结合。根据岸坡地形地貌、土质和区域气候等特点，在岸坡表面覆盖一层三维植被网，并按一定的组合与间距种植多种植物，可在坡面形成茂密的植被覆盖，在表层形成盘根错节的根系，有效抑制暴雨径流对边坡的侵蚀，增加土体的抗剪强度，大幅度提高岸坡的稳定性和抗冲刷能力，见图1-5。

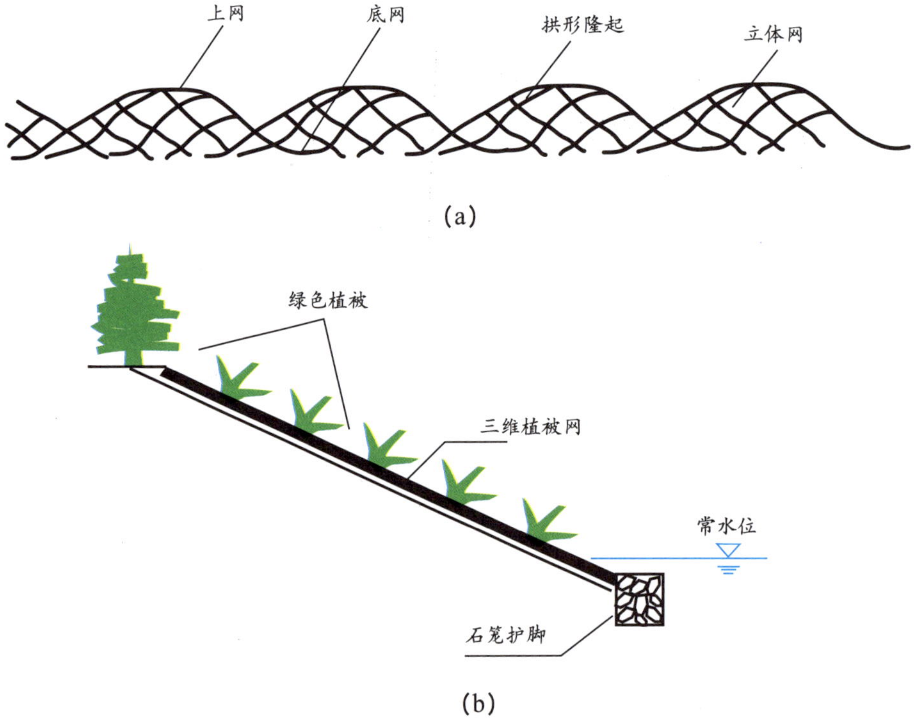

图1-5 三维植被网护岸示意图

(a) 立体结构示意图；(b) 断面布置示意图

(3) 植被型生态混凝土护坡技术。植被型生态混凝土是日本首先提出并在河道护坡方面应用的，随后我国也开始进行植被型生态混凝土的研究。植被型生态混凝土由多孔混凝土、保水材料、难溶性肥料和表层土组成。多孔混凝土由粗骨料、水泥、适量的细掺和料组成，是植被型生态混凝土的骨架；保水材料以有机质保水剂为主，并掺入无机保水剂混合使用，为植物提供必需的水分；表层土多铺设在多孔混凝土表面，形成植被发芽空间，减少土中水分蒸发，提供植被发芽初期的养分和阻止植物生长初期混凝土表面过热。研究表明，很多草本植物在植被型生态混凝土上生长良好，紫花苜蓿、羊毛草、无芒雀麦等表现出较好的耐碱性和耐旱性（王文野、王德成，2002）。另外，植被型生态混凝土具有较好的抗冲刷性能，上面的覆草具有缓冲功能，由于草根的锚固作用，抗滑力增加，草生根后，草、土、混凝土形成一体，提高了堤防边坡的稳定性，见图1-6。

图1-6 生态混凝土

1.4 植物措施的主要功能

河流生态系统是包括水体、土壤、生物等相互作用、相互联系的复杂生态系统。河道植被作为河流生态系统的一个重要组成部分，具有重要的生态功能、美学功能和社会经济功能（邓红兵等，2001）。在河岸或堤防土坡相对稳定的河段，应首选采用植物措施技术进行护坡护岸。如果河岸或堤防以及河床边坡稳定性较差，需要采取植物措施与水利工程措施相结合进行堤岸综合防护。植物措施的主要功能为固土护坡、保持水土，防治水流和波浪对河岸（堤防）的冲刷；缓冲过滤、水质净化，有效改善河道水环境；生态修复、改善环境，为生物多样性恢复奠定基础；调节气候、美化景观，为人水和谐创造条件等。

1.4.1 固土护坡、保持水土

在满足河岸整体稳定要求的前提下，导致河岸水土流失的主要自然因素有雨滴击溅、坡面径流、风力侵蚀和波浪冲刷。河道堤岸采用植物措施防护，植被及其凋落物可以吸收雨滴的能量，减少地表土壤飞溅侵蚀；植物位于地表的部分可过滤地表径流中的沉积物，同时植物的茎、叶部分可增加地表粗糙度，从而延缓地表径流速度，降低坡面径流的侵蚀能力；植物及其凋落物可提高土壤的孔隙率和渗透性，增加降雨入渗量，从而涵养水源和延缓径流产生洪峰的时间；植物及其凋落物通过蓄水作用而增加土壤湿度，从而降低了风力对土壤表面的侵蚀影响。

河岸植被覆盖率是衡量河岸防止土壤流失能力的最为关键的因素。实践证明良好的河岸植被覆盖是防治河岸水土流失的重要条件。资料显示芦苇和菖蒲等植物护岸，植被覆盖率达30%以上时，能承受小雨冲刷；植被覆盖率达80%以上时，可承受暴雨的冲刷（潘纪荣等，2006）。研究表明在南方湿润地区，河岸地表采取乔灌草植物措施覆盖一年之后，无明显的水土流失。乔灌木栽植之后需要一段时间才能恢复树叶和树冠，在这一过渡阶段，可以利用植草护坡弥补仅采用乔灌木地面植被缺少水土保持功能的不足。只要水热条件适宜，在河岸撒播草籽，均易生长，且覆盖能力强、速度极快。

河岸带植物群落根系密集、纵横交错地穿插在土体中，能够增加河岸土体的坚固和稳定性，防止岸坡上重力侵蚀的发生。植物根系还能够降低土壤孔隙的压力，吸收土壤水分，增强土壤颗粒之间的黏聚力，提高土体的抗剪强度，抵御船行波、洪水及风力对河道堤岸边坡造成的波浪冲刷，稳定河道岸坡。例如，禾草、豆科植物和小灌木在地下0.75~1.50m深处的根系有明显的土壤加强作用，其树木根系的锚固作用可影响到地下更深的岩土层（潘树林等， 2005）。大量实验证明沙土中生长少量根就能显著提高沙土的抗剪强度（Gray、Ohashi，1983；Maher、Gray，1990），根的直径越细，其提高抗拉强度的作用越大（潘树林等，2005）。另外，植物茎杆、根对边坡土壤的锚固和抗滑作用，植物对土壤水分的蒸发蒸腾作用，能减小土壤孔隙水压力，有利于边坡的稳定（Gray 、 Leiser，1982）。

图1-7 担山村河道（上虞市水利局提供）

图1-8 乔、灌、草立体防护（韩玉玲 摄）

以浙江省义乌市大陈江春林段（山丘区河道）采用植物措施与工程措施相结合进行河道生态建设为例，堤防采取乔、灌、草相结合植物护坡，2年后，堤坡植被覆盖率明显提高，稳定性和防冲能力增强，河流水环境与河流景观显著改善。另外，平原区河道整治，采用乔、灌、草相结合植物护岸，形成立体防护的河岸植被，不仅具有很强的固土护坡保持水土作用，而且在常水位以下的水生植物，净化水质，改善水环境效果也十分明显，见图1-7和图1-8。

1.4.2 缓冲过滤、水质净化

河道植被在缓冲过滤和水质净化方面具有十分重要的作用。河道植被通过过滤、渗透、吸收、滞留、沉积等作用使陆地生态系统流向河流的污染物毒性减弱及污染程度降低。研究表明，河道植被可有效减少农药、化肥等面源污染物。据美国农业林业部（USDA）1991年调查，河道植被的过滤功能可以显著减少河水中P的含量。Peterjohn和Correll（1984）研究表明，河岸植被带可滞留89%的N和80%的P。河道植物缓冲带通过拦截陆地生态系统的垃圾和泥沙，过滤吸收非点源污染物，调节由陆地生态系统流向河流的有机和无机物，进而影响河水中泥沙、化学物质、营养元素等的含量及时空分布，有利于保护水域生态环境质量。研究表明，河岸带植被平均污染物去除率约为：悬浮固体物为70%，重金属为20%~50%，营养盐为10%~30%（Belt 等，1992）。河岸植物带中的水生植物，尤其是菖蒲、芦苇、菰等植物，既能从水中吸收无机盐类营养物，吸附和富集重金属和一些有毒有害物质，其生长舒展而庞大的根系还是大量微生物以生物膜形式附着的良好介质，利于水质净化。

在浙江省慈溪市新周家路江实施植物措施护坡建设中，实施前河道岸坡有少量杂草，水体有一定程度的富营养化，严重影响了周围农业生态园区的整体景观。2006年5月，在河岸实施乔、灌、草植物措施，1年多以后岸坡植被覆盖率显著提高，水面无浮萍，水质改善效果显

图1-9 慈溪市新周家路江（孙建锁 摄）

图1-10 海宁市辛江塘（韩玉玲 摄）

著，河道水环境与景观明显改善，成为农业生态园区一道亮丽的风景线，见图1-9。据观测，新周家路江水质与治理前相比，COD、BOD_5、NH_4-N、TN和TP指标均有不同程度的下降，平均下降幅度分别为31%、38%、65%、67%和33%。由此可知，河道生态建设采用植物措施改善水质效果明显。

在海宁市辛江塘的护坡建设中，种植了水葱、菖蒲、美人蕉等植物，水质净化作用显著，见图1-10。

1.4.3 生态修复、改善环境

图1-11 改善生态环境（长兴县水利局提供）

河道植被在生态修复、改善生态环境方面同样具有十分重要的作用。河岸植物带能够降低直射到水面的太阳辐射，从而使水体保持在一个较低的温度，水中的溶解氧在一个较高的水平上，创建一个有利于水生生物生长发育的环境。河道植物带是生态过渡带，具有明显的边缘效应。由于其生态环境的特殊性，河岸植物群落是物种源（基因库）和野生动物的重要栖息地，是河道中粗木质碎屑和养分能量的来源，能够为各种生物提供食物、水分、隐蔽场所等所有生存所必需的条件，许多动物的整个生命过程都是在附近的河岸带中完成的，而河岸带在其他生物的整个生命进程中也是不可或缺的重要一环。因此，河道植被有助于生态修复、改善环境，为生物多样性恢复奠定基础，见图1-11。例如，在美国加利福尼亚州，25%的哺乳动物，80%的两栖类和40%的爬虫类生活在河流附近的缓冲带中，并且缓冲带也是140多种鸟类的天堂（Tate 等，2000）。

图1-12 丰富物种（吴加宁　摄）

在干旱地区，更高比例的物种都依赖于河道缓冲带的湿润条件，Nilsson（1992）发现瑞典境内的一条河流两岸，竟然拥有全国13%的高等植物，在世界其他地区研究也有着相类似的结果（张建春，2001）。

植物措施护岸，河道岸坡植物生长茂盛，郁郁葱葱，昆虫、鸟类、鱼类等明显增多。因此，河道生态建设中植物措施的应用，不仅在河流两岸形成一条绿色廊道，也为生物多样性创造了条件，见图1-12。

1.4.4 调节气候、美化景观

河道植被在调节小气候、美化河道景观方面也具有十分重要的作用。在炎热的夏季，一棵树就像一把遮阳伞，一片绿地就像一个空调，植被调节小气候的功能非常明显。同样，河道缓冲带植物不仅为动物、微生物提供了生存繁衍的栖息地，其气候调节功能也为人类生活提供了更为舒适的环境。河道是人类生活空间的重要部分，是人类亲水用水的主要平台。河流景观由河流的水域景观、过渡域景观和岸边陆域景观构成。河流过渡域和岸边陆域是营造河道景观的主要区段，它起着居高临下的控制作用。

在河道两岸构建植物群落，形成类型多样的植被类型，增添了人与自然和谐相处的自然河流景观，改变了过去钢筋水泥、浆砌块石硬化河岸的单调景象。河岸缓冲带平坦的地形和周围优美的环境，为人类提供了户外休闲、健身、旅游不可缺少的场所，丰富多彩的植物，沿河而行就能实现“步移景异”的效果，使人赏心悦目，给人带来视觉享受，见图1-13和图1-14。

图1-13 景观幽雅（韩玉玲 摄）

图1-14 景色宜人（吴加宁 摄）

总之，植物措施具有固土护坡、保持水土之功，缓冲过滤、水质净化之能，生态修复、改善环境之效，降低投资、增加收入之利，调节气候、美化景观之益。

1.5 植物措施应用存在的问题

尽管利用不同类型的植物对河道进行恢复和重建已经历较长时期，但根据河道植物资源调查，浙江省在河道生态建设植物措施应用方面既取得了一些可喜的成绩，同时也面临着众多亟待解决的问题。

1.5.1 河道植被建设变成城市绿地的园林绿化

有些地方，河道植物措施应用照搬城市绿地的模式，日后就可能因为支撑不了高额的管理养护成本而衰败，何况以改善河道水环境为重点的河道建设，大多分布在远离城市的乡镇和农村，植物措施应用的范围要比城市园林绿地的范围大很多，如果不能正确有效地采取相应的改进措施，河道建设就不可能实现“水清、流畅、岸绿、景美”的目标。

1.5.2 河道植被建设中人工种植的植物种类偏少

在浙江省河道植物资源调查中，将100多个河道样地中人工种植的植物进行统计，发现：如果除去农作物的种类（如茭白、菱、玉米、大豆等），剩余植物总数为67种，但在有的长达1km以上的河道上，其河岸种植的植物却不到10种。从生态学的角度考虑，要使植物群落稳定，物种的多样性和群落的层次丰富是最基础的。种类和层次的简单导致生态系统内相互促进、相互制约关系的简单化，能量循环、物质循环和食物链的不完整，也就是说群落的稳定性差。河道不可能像城市绿地，建成后投入大量的人力和物力去管理养护，而主要是依靠群落本身的自我调节、自我发展、自我稳定来实现，因此，在河道生态建设植物措施应用中，应尽可能多地配置相应的乔灌草植物种类。

1.5.3 河道建设人工种植的植物种类中外来种类比重大

人工种植的河道植物中，60%不是当地的乡土植物，这些非乡土植物几乎全是目前园林绿化中的常见种类，应该说它们都是优良的园林绿化植物，有较高的观赏价值和较好的视觉效果，但用于河道建设就值得商榷，因为河道通常不可能像城市绿地一样管理养护，河道建设中采用的植物措施护岸和堤防护坡不能等同于城市公园绿化，河道护岸和堤防护坡采用的植物不仅要具有绿化功能，更重要的是还应该具有耐旱、耐湿、耐瘠薄、根系发达、固土能力和抗冲刷能力强等水土保持功能。在当地河道两岸及附近土生土长的植物是经过长期考验的，是自然的产物，几乎不需要去考虑它是否适应当地的生长条件，只要实际效果好，可以放心采用。在河道植物措施应用中多选用优良的乡土植物是十分重要的。必须强调，有的外来物种有很强的生物入侵能力，如凤眼莲、互花米草、喜旱莲子草等，必须慎重选用，否则会造成严重的生态灾难。

1.5.4 河道两岸野生植物群落缺少保护

在调查中发现，河道植物群落多数是自然生长的野生植物群落，它们物种丰富，层次结构合理，生长旺盛，抗逆能力强，是今后河道建设应用植物措施的基本模式。但在调查中也发现：人们对野生植物群落的保护认识不够，人为开垦种植、砍割作燃料、过度放牧等现象较为普遍。

从以上存在的问题可以看出，目前对植物措施在生态治河中的重要性认识还有待进一步提高，对植物措施在河道生态整治与建设中的科学应用值得进一步深入研究。在河道生态整治与建设中根据不同河道特点和要求选择哪些植物，采用何种模式，将成为植物措施在河道生态整治与建设中应用的重要内容，也是确保生态治河成功的关键（韩玉玲等，2006）。

第2章　植物措施应用基本理论与原理

随着可持续发展意识和生态安全意识的不断增强，受损河道的生态建设问题已受到社会各界的普遍关注。研究和开发应用符合工程安全需要，兼具生态环境改善要求的河道堤岸防护生态工程技术，已成为河道建设面临的新课题。在河道建设中应充分认识河道生态系统的结构、功能以及影响生态系统结构功能的物理过程、化学过程和生物特征等因素。植物措施是河道生态建设的重要技术手段之一，应用植物措施进行河道生态建设，需要摒弃传统的河道堤岸整治技术，遵循生态学、生态水工学、环境工程学等有关的基本原理，对原生态的河道要尽量保护其原有的生态系统，对人为干扰受损的河道力求修复其水域生态系统。

2.1 植物措施应用理论基础

现代水利工程学、生态学、生物科学、生态工程学、环境科学、生态水工学、可持续发展的相关理论及技术是河道生态建设植物措施应用的理论和技术基础。

2.1.1 现代水利工程学理论

水利工程学（Hydraulic Engineering）是以工程措施为技术手段对天然河流（河道）进行人为控制和改造，以满足人类物质、精神需要的学科。水利工程学的理论基础主要是水文学、水力学、地质科学、材料科学、结构科学等学科。传统水利工程在河流的控制和改造过程中仅仅注重河道的防洪、排涝、灌溉、航运等基本功能，往往对河流生态环境造成严重的负面影响，如河流的各种生态过程遭到破坏、河流水体污染严重等（高甲荣等，2002；Malmqvist、Rundle，2002；Woolsey 等，2007）。因此，新时期治水思路更多地汲取生态学的众多理论，使传统水利向现代水利、资源水利、生态水利转变，确保水利工程为经济、社会的可持续发展和生态环境的可持续维护提供支撑和保障。

现代生态治河工程，首先考虑河道生态系统是一个有机的整体。生态水利不是治水阶段的更替，而是现代水利的内涵，作为水利工程建设主要内容的河道建设，必须摒弃“就水论水”的传统思维定式，融入回归自然、恢复生态、以人为本、人水相亲、与自然和谐的新理念，满足时代对水利建设提出的多样化要求。要突破以往水、山、人、文、景分离的单一做法，实现水利与景观、防洪与生态、亲水与安全的有机结合，把河道建设成绿色走廊、亲水乐园和旅游胜地，使河道建设在保证发挥防洪排涝、供水灌溉、交通航运等基本功能的同时，进一步提高对生态、自然、景观、文化的承载能力（詹卫华，2006），见图2-1。

图2-1 平原区生态河道（韩玉玲　摄）

现代水利工程要统筹考虑其对生态与环境的影响，将水土流失治理、生态与环境建设和保护放在重要位置，在规划、勘测、设计、施工、运行管理各个阶段，优先考虑生态与环境问题，要有前瞻意识，用景观水利、生态水利的理念去建设每一个水利工程。工程设施本身的建设要在规范允许的范围内，辅之以合理的人文景观设计，充分考虑其建筑风格的观赏性，以及与周围自然景观的和谐与协调。已建水利工程可结合工程的扩建、改造、加固等机会，增强或增加水土保持、水生态与环境保护等方面的功能。此外，现代水利工程还要在保证水利工程功能正常发挥、安全运行的前提下，有效地保护水资源与水环境，促进自然环境的自我修复，使水资源得到有效涵养与恢复；最终使得每个水利工程成为一个水资源保护工程、环境美化工程、弘扬水文化的工程，促进社会的可持续发展，实现人与自然的和谐相处。

2.1.2 生态学理论

生态学（Ecology）是研究有机体与其周围环境（包括生物环境和非生物环境）相互关系的科学。生物的生存、活动、繁殖需要一定的空间、物质与能量。生物在长期进化过程中，逐渐形成对周围环境某些物理条件和化学成分，如空气、光照、水分、热量和无机盐类等的特殊需要。任何生物的生存都不是孤立的：同种个体之间有互助、有竞争；植物、动物、微生物之间也存在复杂的相生相克关系。人类为满足自身的需要，不断改造环境，环境反过来又影响人类。

随着生态学的发展，人们对于河道治理产生了新的观念，认识到水利工程除了要满足人类社会的需求外，还需要与生态环境的发展需求相统一。特别是随着恢复生态学、景观生态学等分支学科的迅速发展，生态学更多新理论也不断涌现，不仅丰富了生态学的理论体系，同时许多理论也可作为河道建设的主要理论基础，指导河道生态建设。

1. 恢复生态学

恢复生态学（Restoration Ecology）是生态学的应用性分支，在20世纪80年代产生并迅速发展起来。恢复生态学是一门应用与理论研究紧密结合的科学，生态恢复需要人工干预，恢复过程可能是自然恢复、逼近原生生态系统或根据人类自己的需要对生态系统进行重建以达到人类的目的（谢运球，2003）。恢复生态学是从生态系统层次考虑和解决问题的，是对因社会经济活动导致的退化生态系统、各类废弃地和废弃水域进行生态治理的科学技术基础（任海、彭少麟，2002）。生态恢复的最终目的是恢复生态系统的健康、整体性和自我维持能力，并与大的景观融为一体，保护当地物种多样性，维持或提高经济发展的持续性，通过多种途径为人类和其他生命提供产品和服务（常磊等，2008）。

基于自然演替的自我设计理论与人为设计理论构成了恢复生态学的理论基础（Van der Valk，1999）。自我设计理论认为，只要有足够的时间，随着时间的推移，退化生态系统将根据环境条件合理地组织自我并最终改变其组分。人为设计理论认为，通过工程方法和植物重建可直接恢复退化生态系统，但恢复的类型可能是多样的。恢复生态学应用了许多学科的理论，但应用最多、最广泛的还是生态学理论。这些理论主要有：主导生态因子原理、元素的生理生态原理、种群密度制约原理、种群的空间分布格局原理、边缘效应原理、生态位原理、生物多样性原理、演替理论、缀块—廊道—基底理论等（Forman，1995；Middleton，1999；余作岳、彭少麟，1996；任海、彭少麟，2002；向成华等，2003）。

根据类型和强度的不同，可将人类对退化生态系统的干扰方式分为修复和改造两种，分别反映人类对自然的两种不同追求。

修复，即修复、恢复生态系统的某些功能，如发展蓄洪系统以减少洪水危害、恢复沼泽地以固定CO_2，将使景观的局部地区作为一个整体更具自然性，但它不强调景观整体内生物多样性的增加，见图2-2；改造，即改造生态系统的多样性，使土地适宜于栽培，整个景观将受益于该项措施的大面积实施，但它不强调对濒危物种的保护。

图2-2 镇海区交川港采用植物措施修复河流生态（刘伯良　摄）

2. 景观生态学

景观生态学（Landscape Ecology）是一门新兴的、正在深入开拓和迅速发展的学科。它是研究景观单元的类型组成、空间格局及其与生态学过程相互作用的综合性学科。强调空间格局、生态学过程与尺度之间的相互作用是景观生态学研究的核心所在（邬建国，2000）。

景观生态学的理论基础是整体论（Holism）和系统论（System Theory）（徐化成，1996），但学者们对景观生态学理论体系的认识却并不完全一致。一般说来，景观生态学的基本理论至少包含以下几个方面：时空尺度理论、等级理论、耗散结构与自组织理论、空间异质性与景观格局、缀块—廊道—基底理论、岛屿生物地理学理论、边缘效应与生态交错带、复合种群理论、景观连接度与渗透理论等（邬建国，2000；郭晋平，2001；何东进等，2003）。

时空尺度理论：在景观生态学中，引入了时空尺度理论。尺度一般是指对某一研究对象或现象在空间上或时间上的量度，分别称为空间尺度和时间尺度。此外，组织尺度（Organizational Scale）的概念，即在由生态学组织层次（如个体、种群、群落、生态系统、景观）组成的等级系统中的位置，也广为使用（邬建国，2000）。河道生态建设是综合性科学，应加强各学科之间的合作与交流，同时也需要在措施实施后进行长期监测，以及进行大尺度（遥感和地理信息系统）上的定量研究（韩玉玲等，2008）。

缀块—廊道—基底理论：Forman和Godron（1986）认为，组成景观的结构单元有缀块、廊道和基底3种。缀块泛指与周围环境在外貌或性质上不同，但又具有一定内部均质性的空间部分。这种所谓的内部均质性，是相对于其周围环境而言的。具体地讲，缀块包括植物群落、湖泊、草原、农田、居民区等，因而其大小、类型、形状、边界以及内部均质程度都会显现出很大的不同。廊道是指景观中与相邻两边环境不同的线性或带状结构。常见的廊道包括农田间的防风林带、河流、道路、峡谷和输电线路等。廊道类型的多样性，导致了其结构和功能方法的多样化。其重要结构特征包括：宽度、组成内容、内部环境、形状、连续性以及与周围缀块或基底的作用关系。廊道常常相互交叉形成网络，使廊道与缀块和基底的相互作用复杂化。基底是指景观中分布最广、连续性也最大的背景结构，常见的有森林基底、草原基底、农田基底、城市用地基底等。在许多景观中，其总体动态常常受基底所支配（邬建国，2000）。缀块—廊道—基底理论有助于全面理解河道生态建设。河道作为基底景观中的廊道，其功能（如水体自净能力）的发挥常常受基底（如农田化学肥料的输入）影响，而河岸植物的水土保持、水质净化功能的发挥也会因河道岸边缀块类型的差异而变化。

2.1.3 生物科学理论

生物科学（Bioscience）是一门以实验为基础，研究生命活动规律的科学。它是当今世界最为活跃的科技领域（陈竺、邢雪荣，2006），已经成为自然科学的带头学科，对医学、工农业生产技术发展、生态学，乃至社会学、环境学都产生了极其深刻的影响。21世纪以来的短短几年时间里，科学领域的最尖端技术和发现有一半以上属于生物科学及相关领域。生物科学在解决人类社会所面临的人口、环境、资源、能源和粮食五大危机等问题上将发挥其不可替代的重要作用。

生物科学中的一些理论为河道生态建设提供了基础，特别是植物生物学。植物的形态、结构、生长、发育、遗传、变异等有关理论与河道建设植物措施的应用密切相关。例如：环境因子（水分、CO_2、O_2、温度、光、热、无机盐等）能对植物的生长、发育和分布产生直接或间接的影响。在河道生态建设中，选择河道植物需要考虑植物耐水、耐湿特点，因为水分是一个最为关键的环境因子；而沿海地区，较高的盐碱度则成为许多植物生长的限制因子；随着现代科技的发展，可以借助生物工程技术，利用优良基因改造，培育新品种，使更多的植物种类适宜于河道生态建设。

2.1.4 生态工程学理论

自20世纪60年代以来，Odum（1962）及马世骏（1985）等分别提出了生态工程概念。Mitsch和Jørgensen于1989年在美国出版了《Ecological Engineering: An Introduction to Ecotechnology》一书，明确提出其研究对象、基本原理、方法论。自此，生态工程才被国际学术界公认为一门新兴学科。

生态工程学（Ecological Engineering）是从系统思想出发，按照生态学、经济学和工程学的原理，将现代科学技术成果、现代管理手段和专业技术经验组装起来，以期获得较高的经济、社会、生态效益的工程学科（林武等，2008）。生态工程的方法首先在河流、湖泊、池塘、湿地、浅滩等水域的净化技术中得到应用，故可认为生态工程学是以生态系统为基础，以食物链为纽带，从低等生物的藻类、细菌到原生动物及微小后生动物，以及鱼类、鸟类，为它们在水域、陆域、湿地等环境的生态场所提供有机性的连接功能，并用工程学的方法予以控制。在提高生物的生产、分解、吸收、净化等机能的同时，还要提高其工作效率，从而实现对环境的保护及修复（杨书润，2003）。生态工程是以生态学，特别是生态控制论为基础，应用多种自然科学、技术科学、社会科学，并相互交叉渗透的一门学科。在技术方面，大多数生态工程不是高新技术，而主要是一些常规、适用技术，包括农、林、牧、副、渔、工等多种技术（颜京松、王如松，2001）。

Mitsch和Jørgensen（2004）阐述了生态工程的19条生态原理及其使用范围。这些原理对植物措施应用技术有一定的指导意义。下面举例说明生态工程原理如何与河道生态建设相结合，如何使植物措施技术更好地符合这些原理的要求。

(1) 在污染防治或生态恢复过程中，尤其注意限制因子。该原理可以指导河道植物种类选择。在河道生态恢复中，对于受富营养化污染的内陆河道需要选择对P去除效果好的植物种类，而沿海河道则需要选择除N能力强的植物，因为沿海地区水体的富营养化主要是由于N含量高引起的。

（2）生态系统有一定的动态平衡能力，在一定程度上能够消除和降低许多外部干扰。如在河道岸坡构建的植物群落能够有效抵挡暴雨直接击打岸坡，吸收雨滴能量，降低、均化坡面径流，从而减少水土流失。但是，如果河道堤岸不稳定，在遭受洪水纵向冲刷、坡面径流横向冲刷时，可能会引起整个堤岸坍塌。因此，生态系统的动态平衡是有限的，一旦超出阈值，系统可能出现崩溃。河道是一个生态系统，河道堤岸是河道生态系统的重要组分，必须在保证河道堤岸整体稳定的前提下，采用植物措施技术进行护岸护坡，才能取得良好的固土护坡、增强河道堤岸稳定性的效果，见图2-3。

图2-3 山丘区河道植物护坡（陈友吾 摄）

（3）生态系统是自组织系统。人们对自然的自组织功能了解越深入，维持系统的能量成本就越低。要使河岸不发生水土流失，就应避免土壤裸露。河道生态系统越接近自然生态系统，系统的自组织能力就越强，并且具有更广泛的能量交换，这是因为自组织调节为系统提供了更多组分，更有利于物质循环。

（4）在环境管理中，生态过程具有时空特征。环境管理可以认为是维持生物多样性的一种空间模式。河道“三化”现象违背这条原理，“硬化”河道阻断水体与土壤之间的物质能量交换，导致河道水质恶化，见图2-4。河岸采用植物防护，可以保持河道横向的连通性，起到净化水质，提高水体自净能力的作用。

（5）生物多样性有益于维持生态系统的自组织功能。生物多样性和化学组分多样性对维持生态系统的缓冲功能，以及生态系统的自组织功能都起着很重要的作用。植物混交在很大程度上提高了产量并增强了对诸如食草害虫的抵抗力。在河道生态建设中意味着需要选择较多的植物种类，以及采用乔灌草搭配的立体种植方式。

图2-4 丧失生态功能的“三化”河道（韩玉玲 摄）

生态系统的稳定性与生物多样性之间的关

系非常复杂。物种越丰富的系统越容易丧失一些特征物种，从而改变系统的特征，因此物种多样性对生态系统缓冲功能变异的影响，要比对生态系统缓冲功能大小的影响更显著。

(6) 生态交错区（过渡带）对生态系统非常重要，如同细胞的细胞膜一样。生态工程应该重视过渡带的重要性。自然界形成两个生态系统之间演变的过渡带。生态过渡带可以被认为是缓冲带，它能够抵御来自相邻生态系统的不良影响，见图2-5。当设计人工生态系统和自然之间的界面时，应当学会了解自然和遵循自然。如果河道和自然生态系统之间没有缓冲带，污染物将会直接进入河流生态系统。如果河岸植被受到破坏或者裸露，河岸缓冲带的作用就会大大降低，部分污染物会直接进入河道而产生负作用。

(7) 尽可能利用相连接的生态系统。任何生态系统都不是孤立的，而是开放的系统，因为系统的维持需要外部能量的不断输入，河流生态系统也不例外。但是传统水利工程将河道“三化”，弱化了河道与岸坡、河床之间的联系，致使河道水体自净能力下降，水体污染加剧。植

图 2-5 慈溪市半掘浦河岸过渡带（赵聚国 摄）

物措施技术可将河道水体与河岸植被有机联系起来，构建完整的河道生态系统，提高水体自净能力。

(8) 生态系统的各组分是相互联系、相互作用的，形成了一个网络体系，所以无论是直接的或间接的影响，都很重要。生态系统是一个各种因子相互作用的整体，任何外部因素对生态系统某个因子的影响都会直接或间接影响到生态系统，即整个生态系统将因此发生变化。研究证实间接影响一般比直接影响更为重要（Patten，1991）。生态技术应该考虑这些间接影响因

素，管理者仅仅考虑直接影响因素往往导致工程不成功。

构建湿地不仅可以清除生活污水、农业废弃物，也可以增加水生啮齿动物、鸭鹅以及其他动物的数量。但是，在湿地周围修筑堤坝或硬质护岸，会致使水生啮齿动物因失去生态环境而绝迹，同时鸭鹅等水禽因免遭啮齿动物天敌的侵害而过度繁衍。

(9) 生态系统和物种在其地理分布边缘都是最脆弱的。在生态系统的恢复或重建过程中，应当利用生态系统和物种最适分布区域的优势及其生物学特征。当生态工程应用于生态系统时，如果生物种处于其环境允许值范围的中间状态，系统将会增强缓冲功能。这条原理指出：河道生态建设中，植物种类的选择应该在其适宜分布范围内，南方的一些植物可能不适宜北方地区。

(10) 生态系统是等级系统，同时也是较大景观的组分。保持生态系统各个组分的稳定性是非常重要的，由它们组成景观多样性，诸如隔离带、湿地、海岸线、生态过渡带等。它们对整个景观的缓冲功能起重要的作用。河道生态建设中植物群落的构建应遵循这一原理，因为构建复杂乔灌草结构就好比形成更多的组分，即等级结构。

2.1.5 可持续发展理论

可持续发展（Sustainable Development）是21世纪国际社会普遍关注的一个世界性的研究课题，其定义来自世界环境与发展委员会（WCED）于1987年4月发表的《我们共同的未来》："满足当代人的需求，又不损害子孙后代满足其需求能力的发展"。中国学者将可持续发展定义为："可持续发展就是综合控制经济、社会和自然三维结构的复合系统，以期实现世世代代的经济繁荣、社会公平和生态安全（谢浩东、杨鹏飞，2008）。可持续发展理论包括以下几部分内容（朱玉林、陈洪，2007）。

(1) 经济可持续发展。由于可持续发展的最终目标是不断满足人类的需求与愿望，因此保持经济的持续发展是可持续发展的核心内容。发展经济，改善人类的生活质量是人类的目标，也是可持续发展的目标。

(2) 社会可持续发展。社会可持续发展的核心是社会进步。因此，提高全民族的可持续发展意识，认识人类生产活动可能对人类生存环境造成的影响，提高人们对当今社会及后代的责任感，增强可持续发展的能力，也是实现可持续发展不可缺少的社会条件。

(3) 资源可持续利用。资源问题是可持续发展的中心问题，而可持续发展的核心是要保护人类生存和发展所必需的资源基础。在开发利用的同时，对可更新资源，要限制在其承载力的限度内，同时采用人工措施促进可更新资源的再生产；对不可再生资源，要提高其利用率，积极开辟新的替代资源途径，并尽可能减少对不可再生资源的消耗。

(4) 环境可持续维护。可持续发展与环境密不可分，并把环境建设作为实现可持续发展的重要内容和衡量发展质量、发展水平的主要标志之一。正是由于环境问题，人类才反思过去，才有可持续发展概念的出现。没有良好的环境作保障，就不能实现可持续发展。

可持续发展理论为河道生态建设中植物措施有效应用提供指导思想。水是人类生存和发展不可替代的自然资源，正确处理包括水在内的环境资源与人类的关系，使人与水、人与自然和谐发展，实现环境的可持续发展，是实现经济和社会可持续发展的基础（苏彩燕、周勤，2006）。河道是水资源的主要载体，也是影响区域生态环境的主要因素。从可持续发展的角度出发，合理、经济、有效地改善河道水质是当今面临的一个重大课题。高能耗的污染整治措施虽然在特定时期、特定场所中可取得较好的效果，但其对环境资源的高消耗不符合可持续发展的思想。因此，它并不是现今河道整治的长效措施，不能达到整治的最终目标，只能是整治过程中某段时期的过渡性或暂时性措施。植物措施技术应用在河道生态建设中是遵循可持续发展理论的，主要体现在河道的安全度、河道生态水环境的舒适度、河道供水能力、河道景观等方面，通过植物措施技术构建一个可自养的、无需外加物耗和能耗的、可内部循环的、可持续发展的、平衡的水生态系统，并在此基础上构建一个具有多种功能，且各种功能之间相互作用、相互促进，共同实现可持续发展的一个河道滨水区，最终实现环境、经济、社会、资源的可持续发展，人与自然的和谐发展。

2.1.6 环境科学理论

20世纪60年代末期，人们认为环境问题仅仅是工业排放污染物引起的疾病问题，而不包括生态平衡和自然资源保护等问题。80年代初，人们提出环境科学就是在科学整体化过程中，以生态学和地球化学的理论和方法作为主要依据，充分运用化学、生物学、地学、物理学、数学、医学、工程学，以及社会学、经济学、法学、管理学等各学科的知识，对人类活动引起的环境变化，包括环境污染和生态破坏，对人类的影响及控制途径进行系统的综合研究（杨震、薛原，1994；白英奇，2000）。可以说环境科学是在其他学科理论的基础上，人们认识到环境问题的严重性后，通过大量的调查研究而逐步形成的一门综合性的、跨学科的交叉学科体系。没有理论与实践的紧密结合，也就没有环境科学，环境科学也就不可能在短短30年的过程中发展完善并成为具有科学性、综合性、整体性的学科体系（李俊国，2003）。

采用植物措施应用技术进行河道生态建设的目的是增加河岸带生态系统生物多

样性和稳定性，提高水体质量，最终实现“水清、流畅、岸绿、景美”的河道建设总目标。

2.1.7 生态水工学理论

随着生态学、环境科学、现代水利工程学的发展，人们认识到传统水利工程的不足，董哲仁（2003）提出生态水工学的定义。生态水工学（Eco-hydraulic Engineering）即生态水利工程学，作为水利工程学的一个新的分支，是研究水利工程在满足人类社会需求的同时，兼顾淡水生态系统健康与可持续性需求的原理与技术方法的工程学（董哲仁、孙亚东，2007）。

生态水工学是水利工程学的分支学科，在水利工程学的基础上更多地吸收了生态学的相关理论和方法，结合可持续发展理论，促进水利工程学与生态学的交叉融合，用以改进和完善水利工程的规划、设计和管理的理论和方法。生态水工学的目标是在满足水利工程主导功能要求的前提下，维护河流生态系统的生命活力，控制、减小水利工程对河流生态系统的负面影响。“以人为本”应体现在“以人的长远利益为本，以人类群体利益为本”。不考虑自然界生存发展自然规律、以小范围小群体的一时利益为中心的做法，是对“以人为本”的曲解，将损害自然，最终将损害人类自身利益。从传统水利工程学到生态水利工程学，是从忽视自然、“以人为本”的理念，到“尊重自然、以人为本、人与自然和谐相处”理念的进步与升华，是生态文明建设的必然选择。

2.2 植物措施应用基本原理

关于利用植物措施应用技术进行河道生态建设的基本原理目前没有相关论述，但是生态恢复与重建的相关生态学原理可以作为植物措施应用技术的原理。目前，有关恢复（Restoration）与重建（Reconstruction）的科学术语很多，如修复（Rehabilitation）、改造或改良（Reclamation）、改进（Enhancement）、修补（Remedy）、更新（Renewal）和再植（Revegetation）等（余作岳，1994；余作岳、彭少麟，1996），这些术语从不同角度反映了恢复与重建的基本意图。所谓生态恢复与重建是指根据生态学原理，通过一定的生物、生态以及工程的技术与方法，人为地改变和切断生态系统退化的主导因子或过程，调整、配置和优化系统内部及其与外界的物质、能量和信息的流动过程及其时空秩序，使生态系统的结构、功能和生态学潜力尽快地、成功地恢复到一定的或原有的乃至更高的水平。生态恢复过程一般是由人工设计和进行的，并是在生态系统层次上进行的。这里需要说明的是，生态系统或群落在遭受火灾、砍伐、弃耕等后而发生的次生演替实质上也属于一种生态恢复过程，但它是一种自然的恢复（章家恩、徐琪，1999）。

林勇等（2001）认为退化生态系统恢复的基本原理主要有生态系统演替理论、种群间相互关系理论、干扰控制理论、景观结构与功能理论等。孙凡和冯沈萍（2001）论述了在三峡库区退耕还林（草）的恢复生态学7条原理，包括生态因子间的不可代替性和可调剂性规律、最小因子定律、耐性定律、种群空间分布格局原理、种群密度制约原理、边缘效应原理、群落演替原理。师尚礼（2004）对生态恢复理论与技术研究进行总结概括，认为生态恢复应遵循原理有：限制性因子原理、热力学定律、生态系统结构理论、生态适宜性原理、生态位原理、生物群落演替理论、植物入侵理论和生物多样性原理、缀块—廊道—基底理论等。于辉等（2005）提出森林植被恢复重建应遵循物种的生态适应性和适宜性原理、共生原理、资源充分利用与密度效应原理、生态位(多样性)原理、协同效应与整体功能最优原理、生物调控原理、有害生物的可持续控制原理。

根据上述生态恢复与重建的许多原理，结合河道生态建设的理论基础，主要的植物措施应用技术应该依据以下7项基本原理。

2.2.1 生态演替原理

演替是生态学最古老的概念之一（Johnson，1979）。它是群落动态的一个最重要的特征，是现代生态学的中心课题之一，是解决人类现在生态危机的基础，也是恢复生态学的理论基础（Overpeck 等，1991；Mohan 等，2007）。植物生态学中的演替（Succession）是“一个植物群落为另一个植物群落所取代的过程”，是植物群落动态的一个最重要特征（王伯荪，1987）。任何群落的演替过程，都是从个体替代开始，随着个体替代量的增加，群落的主体性质发生变化，产生新的群落形态。从微观(个体)角度看，这种过程是连续的、不间断的(大灾变除外)，是一个随时间而演化的生态过程。从宏观(整体)看，这种演替都是有明显阶段性的，即群落性质从量变到质变的飞跃过程，从一定态到另一定态的演化过程。

生态系统的核心是该系统中的生物及其所形成的生物群落，在内外因素的共同作用下，一个生物群落如果被另一个生物群落所替代，环境也就会随之发生变化。因此生物群落的演替，实际是整个生态演替。生态演替过程可以分为3个阶段，即先锋期、顶级期和衰老期。

(1) 先锋期。生态演替的初期，首先是绿色植物定居，然后才有以植物为生的小型食草动物的侵入，形成生态系统的初级发展阶段。这一时期的生态系统，在组成上和结构上都比较简单，功能也不够完善。

(2) 顶级期。生态演替的繁盛期，也是演替的顶级阶段。这一时期的生态系统，无论在成分上和结构上均较复杂，生物之间形成特定的食物链和营养级关系，生物群落与土壤、气候等环境也呈现出相对稳定的动态平衡。

(3) 衰老期。生态演替的末期，群落内部环境的变化，使原来的生物成分不太适应而逐渐衰弱直至死亡。与此同时，另一批生物成分从外侵入，使该系统的生物成分出现一种混杂现象，从而影响系统的结构和稳定性。

演替指植物群落更替的有序变化发展过程。因而恢复和重建植被必须遵循生态演替规律，促进进展演替，重建其结构，恢复其功能，即充分合理地利用种的群聚特征和种内竞争、种间竞争，在不同的植被演替阶段适时引入种内、种间竞争关系，促进植被的进展演替。

2.2.2 生物多样性原理

生物多样性是生命有机体及其借以生存的生态复合体的多样性和变异性，包括所有的植物、动物和微生物物种以及所有的生态系统及其形成的生态过程（田兴军，2005）。生物多样性是人类赖以生存和发展的基础，保护生物多样性已成为世界各国关注的热点之一，它有利于全球环境的保护和生物资源的可持续利用。在等级层次上，生物多样性包括遗传多样性、物种多样性、生态系统多样性和景观多样性。这 4 个层次的有机结合，其综合表现是结构多样性和功能多样性。人类的发展归根到底依赖于自然界中各种各样的生物。生物多样性对于维持生态平衡、稳定环境具有关键性作用，为全人类带来了巨大的利益和难以估计的经济价值。许多学者认为（王献傅，1993；杨艳生，1998），生物多样性表现出生物之间、生物与其生存环境之间的复杂的相互关系，是生物资源丰富多彩的标志，它的组成和变化既是自然界生态平衡基本规律的体现，也是衡量当前生产发展是否符合客观的主要尺码。生态系统中某一种资源生物的生存及功能表达，均离不开系统中生物多样性的辅助和支撑，丰富的生物多样性是生态系统稳定的基础（Tilman 等，1994）。在水土流失区生态系统遭到严重破坏，植物稀疏，物种单调，生物种群稀少，群落组合单一。

生物多样性的自然发展，是对水土资源优化的促进；相反，生物多样性的逆向演替，将导致水土资源的退化。在排除人为不合理干扰的条件下，生物多样性总是朝有利于水土资源优化的方向发展（杨艳生，1998）。在河道生态建设中，植物种类选择和群落构建应尽量选择较多植物种类，避免物种单一。确定物种之间及其与环境之间的多种相互作用，以及各种生物群落、生态系统及其生境与生态过程的复杂性，从而达到系统的稳定性，见图2-6。

图2-6 健康稳定的植物群落（赵聚国 摄）

2.2.3 生态位原理

生态位（Ecological Niche）指种群在时间、空间的位置以及种群在群落的地位和功能（Grinell，1917；Elton，1927）。生态位是生物（个体、种群或群落）对生态环境条件适应性的总和。生态位是生态学中的一个重要概念，是种群生态研究的核心问题。按照Hutchinson（1957）的说法，有利于某一生物生存和生殖的最适条件为该生物的基础生态位，即假设的理想生态位，可以用环境空间的一个点集来表示。在这个生态位中生物的所有物理化学条件都是最适的，不会遇到竞争者、捕食者和天敌等。但是生物生存实际遇到的全部条件总不会像基础生态位那样理想，所以称为现实生态位。现实生态位包括所有限制生物的各种作用力，如竞争、捕食和不利气候等。

物种生态位既表现了该物种与其所在群落中其他物种的联系，也反映了它们与所在环境相互作用的情况。生态位理论和应用研究已经有较大进展，生态位理论的应用范围甚广，特别是在研究种间关系、群落结构、群落演替、生物多样性、物种进化等方面（Austin 等，1990；Hirzel 等，2002；Silvertown 等，2001；Doledec 等，2000；杨利民等，2001；柳江等，2002），另外在植被的生态恢复与重建过程也应用了生态位原理（郭逍宇等，2004；郝云庆等，2004）。河道生态建设中应用生态位原理，就是把适宜的物种引入，填补空白的生态位，使原有群落的生态位逐渐饱和，这不仅可以抵抗病虫害的侵入，增强群落稳定性，也可增加生物多样性，提高群落生产力。

2.2.4 物种生态适应性和适宜性原理

生态适应性是生物通过进化改变自身的结构和功能，使其与生存环境相协调的特点。在自然界中，每种植物均分布在一定地理区域和一定的生境中，并在其生态环境中繁衍后代维持至今。植物长期生长在某一环境中，获得了一些适应环境相对稳定的遗传特征，其中包括形态结构的适应特征。物种的选择是植被恢复和重建的基础，也是人工植物群落结构调控的手段。确定物种与环境的协同性，充分利用环境资源，采用最适宜的物种进行生态恢复，维持长期的生产力和稳定性。选择物种时，应遵从适宜性原理，引入符合人们某种重建愿望的目的物种。

植物的生态适应性和适宜性是河道生态建设植物选种的关键一步，生态环境条件对植物的生长发育、抗性以及品质等都有重要影响。选择出既具备良好的生态适应性，又具有较好适宜性的物种，是植被恢复和重建的一个关键。

2.2.5 物种共生原理

自然界中任何一种生物都不能离开其他生物而单独生存和繁衍，这种关系是自然界中生物之间长期进化的结果，包括共生、竞争等多种关系，构成了生态系统的自我调节和反馈机制。一个系统内一个物种的变化对生态系统的结构和功能均有影响，这种影响有时在短时间内表现出来，有的则需要较长的时间。共生是指不同物种的有机体或系统合作共存，共生的结果使所有共生者都大大节约物质能量，减少浪费和损失，使系统获得多重效益，共生者之间差异越大，系统多样性越高，共生效益也越大。

在河道生态建设中要充分认识物种共生原理，借鉴天然植物群落中物种组成特点，在构建植物群落时应选用能够共生的物种，提高物种和生态系统的多样性，以期获得更高的互助共生的效益，见图2-7。

图2-7 镇海区周林港植物护岸（莫仁荣　摄）

2.2.6 限制因子原理

限制因子（Limiting Factor）是指在众多的环境因素中，任何接近或超过某种生物的耐受性极限而阻止其生存、生长、繁殖或扩散的因素（孙儒泳，2001）。任何生物体总是同时受许多因子的影响，每一因子都不是孤立地对生物体起作用，而是许多因子共同一起起作用。因此任何生物总是生活在多种生态因子交织成的复杂的网络之中。但是在任何具体生态关系中，在一定情况下某个因子可能起的作用最大。这时，生物体的生存和发展主要受这一因子的限制，这就是限制因子。例如，在干旱地区，水是限制因子；在寒冷地区，热是限制因子；在光能到达的海洋部分，矿物养分是限制因子等。任何一个生态因子在数量上和质量上存在一个范围，在该范围内，所有与该因子有关的生理活动才能正常发生。寻找生态系统恢复的关键因子及因子之间存在的相互作用，据此进行生态恢复工程的设计和确定采用的技术手段、时间进度。

从某种意义上说，河道生态建设中要利用限制因子原理，使其能为选种、栽培和水利工程建设等提供理论依据，如山丘区河道、平原区河道、沿海区河道的适宜植物选择和栽培技术等，尤其是沿海地区，植物种类的选择不仅要考虑植物的耐水湿特点，同时还要认识到植物的耐盐碱属性，因为沿海地区的高盐碱特点是许多植物生长的限制因子，了解限制因子的影响，从而提高植物措施应用技术的效果。

2.2.7 有害生物可持续控制原理

对有毒有害植物采用人工措施，降低种群密度和大小；对有害动物（包括昆虫）在调整植物种群结构、大小的同时，加强动物的管理和利用，通过人工调节食物链的各个环节，保持动物种群数量的动态平衡，使某一种群都处于其他种群的调节之下进而达到控制的目的；既不使有害生物的物种灭绝，又不使有害生物种群迅速扩张而发生危害，从而达到控制有害生物的目的。

河道生境兼具水、陆特点，可以为许多生物种类提供栖息地。植物措施应用后，不可避免伴有其他有害生物的出现，因此要对有害生物进行可持续控制。

第3章　河道生态建设植物种类选择技术

植物是河道生态建设的重要材料，在河道发挥生态功能方面具有独特的、不可替代的作用。不同的植物种类在耐水性、耐旱性、耐盐性、观赏性、抗病性和固岸护坡、水质净化等方面存在着显著差异，所以科学合理地选用适宜的植物种类对于应用植物措施进行河道生态建设是至关重要的。不同类型、不同功能的河道和河道的不同河段、不同坡位在土壤理化性质、河流坡降、水文地质、断面形式等方面也各不相同。因此，各地河道生态建设，应根据河道的主导功能和植物的生物生态学特性，因地制宜地选用优良的植物种类。本章主要介绍河道生态建设植物种类选择的原则和要点，并针对不同类型、不同功能的河道和河道的不同河段、不同坡位，推荐适宜的植物种类。

3.1 河道植物种类选择原则

河道生态建设植物措施的应用要充分考虑河道特点和植物的生物生态学特性，并把两者有机地结合起来。植物种类的选择，应在确保河道主导功能正常发挥的前提下，遵循生态适应性、生态功能优先、乡土植物为主、抗逆性、物种多样性、经济适用性等基本原则。

3.1.1 生态适应性原则

植物的生态习性必须与立地条件相适应。植物种类不同，其生态习性必然存在着差异。因此，应根据河道的立地条件，遵循生态适应性原则，选择适宜生长的植物种类。比如，沿海区河道土壤含盐量较高，应选用耐盐性的植物种类才能生存，如木麻黄（*Casuarina equisetifolia*）、柽柳（*Tamarix chinensis*）、盐地碱蓬（*Suaeda asalsa*）等，否则植物不易成活或生长不良。河道常水位附近土壤含水量较高，应选择耐水湿的植物种类，如水杉（*Metasequoia glyptostroboides*）、银叶柳（*Salix cheinii*）、蒲苇（*Cortaderia selloana*）等。

3.1.2 生态功能优先原则

众所周知，植物具有生态功能、经济功能等多种功能。从生态适应性的角度看，在同一条河道内应该有多种适宜的植物。河道生态建设植物措施的应用主要是基于植物固土护坡、保持水土、缓冲过滤、净化水质、改善环境等生态功能，因此植物种类选择应把植物的生态功能作为首要考虑的因素，根据实际需要优先选择在某些生态功能方面优良的植物种类，如南川柳（*Salix rosthornii*）、狗牙根（*Cynodon Dactylon*）等具有良好的固土护坡效果。其次，根据河道的主导功能和所处的区域不同，兼顾植物种类的经济功能等，如山区河道可以选用生态经济植物杨梅（*Myrica rubra*）、油桐（*Vernicia fordii*）等。

3.1.3 乡土植物为主原则

乡土植物是指当地固有的、自然分布于本地的植物。与外来植物相比，乡土植物最能适应当地的气候环境。因此，在河道生态建设中，应用乡土植物有利于提高植物的成活率，减少病虫害，降低植物管护成本。另外，乡土植物能代表当地的植被文化并体现地域风情，在突出地方景观特色方面具有外来植物不可替代的作用。乡土植物在河道建设中不仅具有一般植物的防护功能，而且具有很高的生态价值，有利于保护生物多样性和维持当地生态平衡。因此，选用植物应以乡土植物为主。外来植物往往不能适应本地的气候环境，成活率低，抗性差，管护成本较高，不宜大量应用。外来植物中，有一些种类生态适应性和竞争力特别强，又缺少天敌，如果使用不当，可能会带来一系列生态问题，如凤眼莲（*Eichhornia crassipes*）、喜旱莲子草（*Alternanthera philoxeroides*）等，这类植物绝对不能引入。对于那些被实践证明不会引起生态入侵的优良外来植物种类，也是可以采用的。

3.1.4 抗逆性原则

平原区河道，雨季水位下降缓慢，植物遭受水淹的时间较长，因此应选用耐水淹的植物，如水杉、池杉（*Taxodium ascendens*）等；山丘区河道雨季洪水暴涨暴落、土层薄、砾石多、土壤贫瘠、保水保肥能力差，故需要选择耐贫瘠的植物，如构树（*Broussonetia papyrifera*）、盐肤木（*Rhus chinensis*）、马棘（*Indigofera pseudotinctoria*）等；沿海区河道土壤含盐量高，尤其是新围垦区开挖的河道，应选择耐盐性强的植物，如木麻黄、海滨木槿（*Hibiscus hamabo*）等。另外，河道岸顶和堤防坡顶区域往往长期受干旱影响，要选择耐干旱的植物，如合欢（*Albizia julibrissin*）、野桐（*Mallotus japonicus* var. *floccosus*）、黑麦草（*Lolium perenne*）等。因此，根据各地河道的具体实际情况，选用具有较强抗逆性的植物种类，否则植物很难生长或生长不良。采用抗病虫害能力强的植物种类，能降低管护成本。

3.1.5 物种多样性原则

稳定健康的植物群落往往具有丰富的物种多样性，因此要使河道植物群落健康、稳定，就必须提高河道的物种多样性。物种多样性能增强群落的抗性，有利于保持群落的稳定，避免外来生物的入侵。多样的植物可为更多的动物提供食物和栖息场所，有利于食物链的延伸。不同生活型的植物及其组合，为河流生态系统创造多样的异质空间，从而可容纳更多的生物。只有丰富的植物种类才能形成丰富多彩的群落景观，满足人们不同的审美要求；也只有多样性的植物种类，才能构建不同生态功能的植物群落，更好地发挥植物群落的生态作用，取得更好的景观效果。

3.1.6 经济适用性原则

采用植物措施进行河道生态建设与传统治河方法相比，不仅具有改善环境、恢复生态、有利于河流健康等优点，还具有降低工程投资、增加收益之优势。为此，应选用种子、苗木来源充足，发芽力强，容易育苗并能大量繁殖的植物种类，同时选用耐贫瘠、抗病虫害和其他恶劣环境的植物种类，以减少植物对养护的需求，达到种植初期少养护或生长期免养护的目的。对于景观上没有特别要求的河道或河段，应多选用当地常见、廉价的植物种类，这样可以降低工程建设投资和工程管理养护费用。同时在河流边坡较缓处或护岸护堤地内，尽量选择能产生经济效益的植物种类，增加工程收益。

3.2 河道植物种类选择要点

根据地形、地貌特征和流经地域的不同，河道可划分为山丘区河道、平原区河道和沿海区河道；根据河道的主导功能，河道可划分为行洪排涝河道、交通航运河道、灌溉供水河道、生态景观河道等。根据河流流经的区域，河道可分为城市（镇）河段、乡村河段和其他河段；根据河道水位变动情况，可将河坡划分为常水位以下、常水位至设计洪水位和设计洪水位以上等坡位。本节重点介绍不同类型、不同功能的河道和河道不同河段、不同坡位植物种类选择的要点。

3.2.1 不同类型河道的植物选择

(1) 山丘区河道。山丘区河道的主要特点是坡降大、流速快、洪水位高、水位变幅大、冲刷力强、岸坡砾石多、土壤贫瘠且保水性差。往往需要砌筑浆砌石、混凝土等硬质基础、挡墙等，以确保堤防（岸坡）的整体稳定。针对山丘区河道的上述特点，应选用耐贫瘠、抗冲刷的植物种类，如美丽胡枝子（*Lespedeza formosa*）、细叶水团花（*Adina rubella*）、硕苞蔷薇（*Rosa bracteata*）等。应选用须根发达、主根不粗壮的植物，否则粗壮的树根过快生长或枯死都会对堤防（护岸）、挡墙的稳定与安全造成威胁。

(2) 平原区河道。平原区河道具有坡降小、汛期高水位持续时间较长、水流缓慢、水质较差、岸坡较陡等特点。通航河道，船行波淘刷作用强，河岸易坍塌。因此，平原区河道应选用耐水淹、净化水质能力强的植物种类，如池杉、芦苇（*Phragmites australis*）、美人蕉（*Canna indica*）等。

(3) 沿海区河道。沿海区河道土壤含盐量高，土壤有机质、N、P等营养物含量低，岸坡易受风力引起的水浪冲刷，植物生长受台风影响很大。因此，要选用耐盐碱、耐瘠薄、枝条柔软的中小型植物种类，如柽柳、夹竹桃（*Nerrium indicum*）、海滨木槿等。否则，冠幅大，承受的风压大，在植物倒伏的同时，河岸也可随之剥离坍塌。在河岸迎水坡应多选用根系发达的灌木和草本植物。

3.2.2 不同功能河道的植物选择

一般来说，河道具有行洪排涝、交通航运、灌溉供水、生态景观等多项功能。某些河道因所处的区域不同，同时可具有多项综合功能，但因其主导功能的差异，所采取的植物措施也应有所不同。

(1)行洪排涝河道。在设计洪水位以下选种的植物，应以不阻碍河道泄洪、不影响水流速度、抗冲性强的中小型植物为主。由于行洪排涝河道在汛期水流较急，为防止植被阻流及植物连根拔起，引起岸坡局部失稳坍塌，选用的植物的茎秆、枝条等，还应具有一定的柔韧性。例如，选用南川柳、木芙蓉（*Hibiscus mutabilis*）、水团花（*Adina pilulifera*）等植物种类，见图3-1。

图3-1 行洪排涝河道（韩玉玲　摄）

(2)交通航运河道。船舶在河道中航行，由于船体附近的水体受到船体的排挤，过水断面发生变形，因而引起流速的变化而形成波浪，这种波浪称为船行波。当船行波传播到岸边时，波浪沿岸坡爬升破碎，岸坡受到很大的动水压力的作用，使岸坡遭到冲击。在船行波的频繁作用下，常常导致岸坡淘刷、崩裂和坍塌。在通航河道岸边常水位附近和常水位以下应选用耐水湿的树种和水生草本植物，如池杉、水松（*Glyptostrobus pensilis*）、香蒲（*Typha orientalis*）、菖蒲（*Acorus calamus*）等，利用植物的消浪作用削减船行波对岸坡的直接冲击，保护岸坡稳定，见图3-2。

图3-2 交通航运河道（韩玉玲　摄）

(3)灌溉供水河道。为防止土壤和农产品污染，国家对灌溉用水专门制定了《农田灌溉水质标准》（GB 5084—2005）。为保护和改善灌溉供水河道的水质，植物种类选择应避免选用释放有毒有害的植物种类，同时还应注重植物的水质净化功能，选用具有去除污染物能力强的植物，如池杉、薏苡（*Coxi lacryma-jobi* var. *ma-yuan*）、水葱（*Scirpus tabernaemontani*）、芦竹（*Arundo donax*）等，见图3-3。利用植物的吸收、吸附、降解作用，降低水体中的污染物含量，达到改善水质的目的。

图3-3 灌溉供水河道（罗帷 摄）

（4）生态景观河道。对于生态景观河道植物种类的选用，在强调植物固土护坡功能的前提下，应更多地考虑植物本身美化环境的景观效果。根据河道的立地条件，选择一些固土护坡能力较强的观赏植物，如乌桕（*Sapium sebiferum*）、蓝果树（*Nyssa sinensis*）、白杜（*Euonymus maackii*）、木槿（*Hibiscus syriacus*）、美人蕉等。为构建优美的水体景观，应选用一些水生观赏植物，如黄菖蒲（*Iris pseudacorus*）、水烛（*Typha angustifolia*）、荇菜（*Nymphoides peltata*）、睡莲（*Nymphaea tetragona*）等，见图3-4。

图3-4 生态景观河道（韩玉玲 摄）

为保障行人安全在堤防（河岸）马道（平台）结合居民健身需要设为慢行（步行）道的区域，两边应避免选用叶片硬或带刺的植物，如刺槐（*Robinia pseudoacacia*）、刺桐（*Erythrina variegata*）、剑麻（*Agave sisalana*）等。

3.2.3 不同河段的植物选择

一条河流往往流经村庄、城市（镇）等不同区域。考虑河道流经的区域和人居环境对河道建设的要求，将河道进行分段。

(1) 城市（镇）河段。城市（镇）河段是指流经城市和城镇规划区范围内的河段。河道建设除满足行洪排涝要求外，通常有景观休闲的要求。

水是城之魂，河为魂之载。良好的河道水环境是城市的形象，是城市文明的标志，代表着城市的品位，体现着城市的特色。城市河道首先要能抵御洪涝灾害，满足行洪排涝要求，使人民群众能够安居乐业，使社会和经济发展成果能得到安全保护；其次是要自然生态，人水和谐，突出景观功能，使人赏心悦目，修身养性。城市河道两岸滨水公园、绿化景观，为城市营造了休憩的空间，对提升城市的人居环境，提高市民的生活质量具有十分重要的作用和意义。因此，城市河道应多选用具有较高观赏价值的植物种类。如，垂柳（*Salix babylonica*）、紫荆（*Cercis chinensis*）、鸡爪槭（*Acer palmatum*）、萱草（*Hemerocallis fulva*）等，使城市河道达到“水清可游、流畅可安、岸绿可闲、景美可赏”，见图3-5。

另外，节点区域的河段，如公路桥附近、经济开发区、交通要道两侧等局部河段，对景观

图3-5 城市景观河道（韩玉玲 摄）

要求较高。可根据河道的主导功能，结合景观建设需要，多选用一些观赏植物，如香港四照花（*Dendrobenthemia hongkongensis*）、玉兰（*Magnolia denudata*）、紫薇（*Lagerstroemia indica*）、山茶花（*Camellia japonica*）等，见图3-6。

图3-6 桥头节点区域河道（刘伯良　摄）

（2）乡村河段。乡村河段是指流经村庄的河段，一般不宜进行大规模人工景观建设。流经村庄的乡村河段，可根据乡村的规模和经济条件，结合社会主义新农村建设，适当考虑景观和环境美化。因此，应多采用常见、价格便宜的优良水土保持植物，如苦楝（*Melia azedarach*）、榔榆（*Ulmus parvifolia*）、桑树（*Morus alba*）等，见图3-7。

(a)　　(b)

图3-7 乡村河段（赵聚国　摄）

（a）南浔区新庙前港；（b）平湖市山茶花浜

（3）其他河段。其他河段是指流经的区域周边没有城市（镇）、村庄的山区河段，如果能够满足行洪排涝等基本要求，应维持原有的河流形态和面貌；流经田间的其他河段，主要采取疏浚整治措施达到行洪排涝、供水灌溉的要求。这类河道应按照生态适用性原则，选用当地土生土长的植物进行河道堤（岸）防护。如枫杨（*Pterocarya stenoptera*）、朴树（*Celtis sinensis*）、美丽胡枝子、狗牙根等。

3.2.4 河道不同坡位的植物选择

从堤顶（岸顶）到常水位，土壤含水量呈现出逐渐递增的规律性变化。因此，应根据坡面土壤含水量变化，选择相应的植物种类。从堤顶（岸顶）到设计洪水位，设计洪水位到常水位，常水位以下，土壤水分逐渐增多，直至饱和。因此，选用的植物生态类型应依次为中生植物、湿生植物、水生植物，见图3-8。

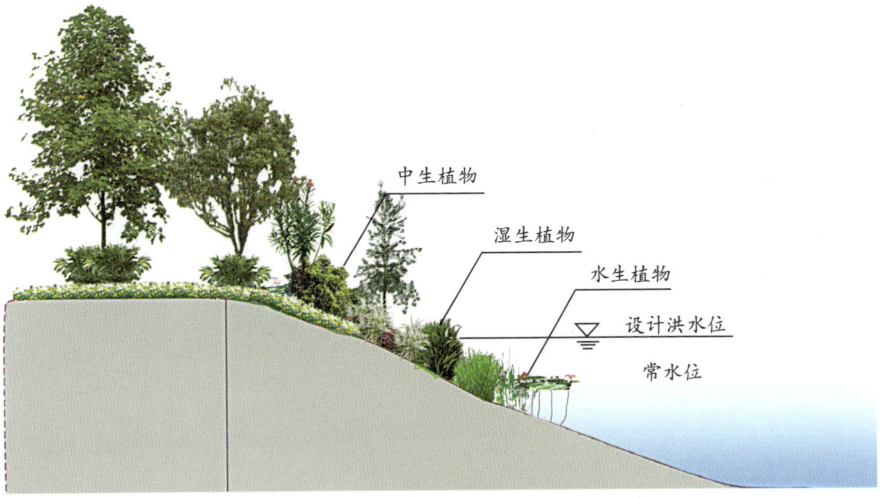

图3-8 河道不同坡位植物类型分布图

(1) 常水位以下。常水位以下区域是植物发挥净化水体作用的重点区域。种植在常水位以下的植物不仅起到固岸护坡的作用，而且还应充分发挥植物的水质净化作用。常水位以下土壤水分长期处于饱和状态。因此，应选用具有良好净化水体作用的水生植物和耐水湿的中生植物，如水松、菖蒲、苦草（*Vallisneria natans*）等。另外，通航河段，为了减缓船行波对岸坡的淘刷，可以选用容易形成屏障的植物，如菰（*Zizania caducifolia*）、芦苇等。而对于有景观需求的河段，可以栽种观叶、观花植物，如黄菖蒲、水葱、窄叶泽泻（*Alisma canaliculatum*）等。

(2) 常水位至设计洪水位。常水位至设计洪水位区域是河岸水土保持、植物措施应用的重点区域。在汛期，常水位至设计洪水位的岸坡会遭受洪水的浸泡和水流冲刷；枯水期，岸坡干旱，含水量低，山区河道尤其如此。此区域的植物应有固岸护坡和美化堤岸的作用。因此，应选择根系发达、抗冲性强的植物种类，如枫杨、细叶水团花、荻（*Miscanthus sacchariflorus*）、假俭草（*Eremochloa ophiuroides*）等。对于有行洪要求的河道，设计洪水位以下应避免种植阻碍行洪的高大乔木。有挡墙的河岸，在挡墙附近区域不宜种植侧根粗壮的大乔木。

(3) 设计洪水位至堤（岸）顶。设计洪水位至堤（岸）顶区域是河道景观建设的主要区域，起着居高临下的控制作用。土壤含水量相对较低，种植在该区域的植物夏季可能会受到干旱的胁迫。因此，选用的植物应具有良好景观效果和一定的耐旱性，如樟树（*Cinnamomum camphora*）、栾树（*Koelreuteria paniculata*）、构骨冬青（*Ilex cornuta*）等。

(4) 硬化堤（岸）坡的覆盖。在河道建设中，为了满足高标准防洪要求，或是为了节约土地，或是为了追求形象的壮观，或是由于工程技术人员的知识所限，有些河段或岸坡进行了硬化处理。为减轻硬化处理对河道景观效果带来的负面影响，可以选用一些藤本植物对硬化的区域进行覆盖或隐蔽，以增加河岸的"柔性"感觉。常用的藤本植物有云南黄馨（*Jasminum mesnyi*）、中华常春藤（*Hedara nepalensis* var. *sinensis*）、紫藤（*Wisteria sinensis*）、凌霄（*Campsis grandiflora*）等，见图3-9。

图3-9 硬化河岸的覆盖（韩玉玲 摄）

3.3 河道植物种类选择方法

河道生态建设植物种类的选择主要是通过对建设河道现状调查、本地河道及周边植物调查、种植试验、综合评价等步骤，获得河道建设需要的植物种类。在各地河道生态建设时，根据本地的河道建设实际情况，可适当简化上述程序。

3.3.1 河道现状调查

利用植物措施进行河道生态恢复建设，需要对河道现状进行调查。只有对河道的现状有比较详细的了解，才能做到适地适树，根据河道的建设需求选择适宜的植物种类。因此，在河道建设前，应对河道现状进行充分调查，尤其是河道的立地条件。主要调查内容包括：河道类型、河道功能、基质类型、土壤理化性质、河床淤积情况、水文特征等。

河道类型主要是针对河道流经区域的特点，划分为山区河道、丘陵区河道、平原区河道、沿海区河道。河道功能主要是指行洪排涝、供水灌溉、输水排沙、交通航运、水量调蓄、水质保护、渔业水产、景观休闲、生态环境、水能发电等。基质类型是河道岸坡的质地，如砂质、泥质、泥砂质或岩质等。土壤理化性质主要是河道岸坡土壤的容重、有机质含量、酸碱度等。另外，水文特征、河床淤积情况等因素，都直接或间接影响着河道建设中植物种类的选择。

3.3.2 植物调查

需要进行生态建设的河道，由于以往对河流生态功能认识的局限，河道植物都不同程度地遭受人类活动的干扰或破坏，但是河道的某些河段还残留或保留一些河道植物，而这些植物种类都适宜该河道生境，并被洪水的长期冲刷证明，具有很强的固土护坡作用。因此，对待建河道及周边河道的植物种类进行调查，确定现存的主要植物种类，可以作为河道生态建设优先推荐的植物种类。

待建河道的植物调查主要包括植物种类、来源、生长的坡位（断面位置）、健康状况、根系生长情况等。调查路线尽量考虑各种生境，在时间上尽量安排在不同的季节进行。如果没有足够的时间和人力开展植物调查，可以查阅《河道生态建设——河道植物资源》（韩玉玲等，2009）和当地植物调查的有关资料。《河道生态建设——河道植物资源》一书详尽介绍了河道植物种类的调查方法和河道植物种类，可以作为待建河道植物调查的主要参考工具书。河道植物调查的具体内容详见表3-1和表3-2。

表3-1　　河道植物样地调查记录表

调查时间__________调查人__________

样地编号__________

样地地点：____县（市）____乡（镇）____村（街道）____河道，小地名____

地理坐标：经度__________纬度__________

河道类型：①平原区河道；②丘陵区河道；③山区河道；④沿海区河道

续表

河道功能：①行洪排涝；②交通航运；③输水灌溉；④水产养殖；⑤蓄水供水；⑥其他（生态景观、旅游等）

河道整治现状和历史：①完全天然河道；②整治后已超过10年，接近天然河道；③整治不足10年，但已超过2年；④已完成整治工作，但不足2年；⑤正在整治

基质类型：①石质（岩质、鹅卵石）；②泥质；③沙质；④泥沙质

植被对河道的覆盖情况：①完全覆盖（盖度100%）；②基本覆盖（盖度70%~100%）；③部分覆盖（盖度30%~70%）；④基本未覆盖（盖度30%以下）

河水水质：①清澈透明；②略有浑浊，无明显污染；③中度污染，水质较差；④重度污染，水质差

河底淤泥沉积情况：①基本无淤泥；②有少量淤泥；③淤泥较多；④有大量淤泥

植被来源：①自然植被；②人工植被；③自然、人工植被混杂

植物群落类型：①常绿阔叶林；②常绿落叶阔叶混交林；③落叶阔叶林；④针阔混交林；⑤灌木林；⑥灌草群落；⑦草本群落

群落植物种类（按盖度大小排列）：______________________________

____

____

____

群落名称______________

群落水土保持效果：①优秀；②良好；③中等；④较差

群落景观效果：①优秀；②良好；③中等；④较差

群落自我稳定性：①向更高层次发展；②保持现状；③不稳定，逆行演替；④不能确定

该群落是否适合于所在的河道：①非常适合；②适合；③基本适合；④不适合

配套照片编号______________

表3-2　　　　　　　　河道植物群落重要植物记录表

调查时间____________调查人____________________

编　　号____________（样地编号+植物编号）

样地地点____县（市、区）____乡（镇）____村（街道），小地名____

植物名称____________俗名____________

科____________属____________

植物来源：①土著种；②外来引入；③逸生；④不明

植物习性：①一年生；②二年生；③多年生；④常绿；⑤落叶；⑥宿根；⑦乔木；⑧灌木；⑨藤本；⑩草本

生态学特性：①旱生；②中生；③湿生；④水生（挺水、浮叶、沉水、漂浮）；⑤喜光；⑥耐阴；⑦中生

在群落中的地位：①建群种；②主要种；③伴生种

根系状况：①极发达；②发达；③较发达；④一般；⑤不发达

对河道生态环境所起的主要作用：①水土保持；②水质净化；③绿化美化；④改良土壤；⑤其他

经济价值：①观赏；②药用；③食用；④工业原料；⑤其他

配套照片编号____________

3.3.3 种植试验

如果具备试验条件，可以开展植物种植试验。针对河道的类型和主导功能，以及河道不同坡位（常水位以下、常水位以上至设计洪水位以下、设计洪水位以上至坡顶、坡顶）的土壤特性和水分条件等的差异，在河道植物调研的基础上，选择一定数量的植物种类进行种植试验。观测记录试验植物的成活率、生长状况、固土护坡、水质净化等基本情况。具体观测内容见表3-3~表3-9。

表3-3　　植物种植记录表

试验地点：________镇________村________河________河段

观测时间：________年________月________日　观测人：________　记录人：________

模式	植物名称	植物类型（乔、灌、草）	株数	间距（m）	坡位	备注

表3-4　　乔木生长情况观测记录表

模式：________　　重复：________

观测时间：________年________月________日　观测人：________　记录人：________

树种	编号	坡位	生长状况			健康状况	
			胸径（cm）	株高（m）	冠幅（m×m）	状况	备注

表3-5 灌木生长情况观测记录表

模式：________ 重复：________

观测时间：________年________月________日 观测人：________ 记录人：________

树种	编号	坡位	生长状况		健康状况	
			株高（m）	冠幅（m×m）	状况	备注

表3-6 草本生长情况观测记录表

模式：________ 重复：________

观测时间：________年________月________日 观测人：________ 记录人：________

草种	坡位	盖度（%）	生长状况		健康状况	
			高度（cm）	根幅（cm×cm）	状况	备注

表3-7　　水生草本植物生长情况观测记录表

模式：________　　重复：________

观测时间：________年________月________日　观测人：________　记录人：________

种类	编号	健康状况	
		状况	备注

表3-8　　植物固土护坡冲刷情况观测记录表

观测时间：____年____月____日　天气状况：____　观测人：____　记录人：____

模式	重复	测钎顶出露高度（cm）									根系分布情况	船行波冲刷情况	备注
		1	2	3	4	5	6	7	8	9			

表3-9 **植物抗灾情况记录表**

观测时间：_____年_____月_____日 观测人：_____ 记录人：_____

<table>
<tr><th rowspan="3">模式</th><th rowspan="3">重复</th><th rowspan="3">植物名称</th><th rowspan="3">坡位</th><th colspan="2">植物保存状况</th><th rowspan="3">设计洪水位（m）</th><th colspan="3">降雨情况</th><th rowspan="3">风力</th><th rowspan="3">备注</th></tr>
<tr><th rowspan="2">缺失数（株）</th><th rowspan="2">死亡数（株）</th><th rowspan="2">次降雨量（mm）</th><th colspan="2">降雨强度（mm）</th></tr>
<tr><th>1h</th><th>24h</th></tr>
<tr><td></td><td></td><td></td><td></td><td></td><td></td><td></td><td></td><td></td><td></td><td></td><td></td></tr>
<tr><td></td><td></td><td></td><td></td><td></td><td></td><td></td><td></td><td></td><td></td><td></td><td></td></tr>
<tr><td></td><td></td><td></td><td></td><td></td><td></td><td></td><td></td><td></td><td></td><td></td><td></td></tr>
<tr><td></td><td></td><td></td><td></td><td></td><td></td><td></td><td></td><td></td><td></td><td></td><td></td></tr>
<tr><td></td><td></td><td></td><td></td><td></td><td></td><td></td><td></td><td></td><td></td><td></td><td></td></tr>
</table>

在具体观测时，对表3-3~表3-9的填写要注意以下方面：

(1) 观测精度：保留1位小数。

(2) 坡位栏填写阿拉伯数字："1"代表常水位以下；"2"代表常水位至设计洪水位；"3"代表设计洪水位以上；"4"代表堤顶。如果该条河道不存在设计洪水位或者洪水历时较短，则统一用"3"代表常水位至堤顶的坡面。

(3) 生长状况栏："胸径"指树干1.3m高度处的直径，"株高"指从地面至植物树冠顶部的高度。

(4) 健康状况栏中的"状况"填写阿拉伯数字："1"代表健康；"2"代表一般；"3"代表染病；"4"代表死亡。

(5) 天气状况：主要填写晴、多云、阴、大雨、小雨等。

(6) 植物保存状况栏："缺失数"指受灾害天气的影响而丢失的苗木数量，草本植物以丢失面积计；"死亡数"指受灾区域所发现的苗木死亡数量，草本植物以死亡面积计；备注栏定性分析此次灾害情况。

定期观测植物的生长状况，主要指标包括植物的成活率，以及植株的株高、胸径、冠幅和健康状况（有无病虫害及危害程度）等。乔木一般应全部观测。灌木抽样观测，沿河道方向随机选5m长度，观测记录5m范围内灌木的成活状况；草本植物按照不同的坡位随机选取1m × 1m的样方，随机选取样方内10株，观测高度、根幅、根深、健康状况。

固土护坡能力通过计算土壤侵蚀模数来评价。采用测钎法测定土壤流失厚度，即在坡面设置简易水土流失观测场进行生态效益监测。在汛期前将直径0.5~1cm、长50~100cm类似钉子状的钢钎，按一定距离分上中下、左中右纵横3排、共9根布设。钢钎沿垂直坡面方向打入，钎帽与坡面齐平，并在钎帽上涂上红漆，编号登记入册。定期观测钢钎出露地面的高度，如遇大暴雨后和汛期结束加测1次。将土壤流失厚度换算为土壤侵蚀模数，即

$$M=ZR\times 1000 \tag{3-1}$$

式中：M为侵蚀模数，t/（$km^2\cdot a$）；Z为年均土壤侵蚀厚度，mm/a；R为土壤容重，g/cm^3。

河道植物具有水质净化效果，可以通过分析水样的化学需氧量（COD）、五日生化需氧量（BOD_5）、氨氮（NH_4-N）、总氮（TN）、总磷（TP）等指标来反映。这些指标的具体测定方法可参考现行的国家水质测定标准，也可以借助现代化的相关仪器进行测定，如OxiTop自动测定仪可测定BOD_5。

3.3.4 优良植物种类确定

通过种植试验，根据植物的适应性、生态效益（水土保持、水质净化、环境美化）、经济效益，采用层次分析法（Analytic Hierarchy Process，简称AHP），从供试植物中选择出用于不同功能、不同类型河道和河道不同坡位（河道断面位置）的优良植物种类。

层次分析法是将与决策总是有关的元素分解成目标、准则、方案等层次，在此基础之上进行定性和定量分析的决策方法。采用层次分析法对供试植物种类进行综合评价，其重要步骤包括建立层次结构模型、指标权重的确定、评价综合指数计算、评价指标分级等。

(1) 建立层次结构模型。在深入分析实际问题的基础上，将有关的各个因素按照不同属性自上而下地分解成若干层次，同一层的诸因素从属于上一层的因素或对上层因素有影响，同时又支配下一层的因素或受到下层因素的作用。最上层为目标层，通常只有1个因素，最下层通常为方案或对象层，中间可以有1个或几个层次，通常为准则或指标层。当准则过多时(譬如多于9个)应进一步分解出子准则层。

在系统分析和整合国内外现有研究成果的基础上，用复合结构功能指标法，构建植物种类

综合评价体系。按照“目标分解”的方法，将“植物综合评价指数”作为总目标层，然后按照其逻辑关系划分出生长指标、形态指标、抗性指标、效益指标4个子系统（准则层），各个子系统再向下分解出若干子系统，进而在此基础上选择具体指标。根据研究区域的基本状况及植物的生理生态特征，通过专家及公众打分，筛选出指标，见表3-10。

对不同坡位的植物，评价指标体系的组成有所不同。对沿海区河道植物评价，由于植物的生长受到土壤盐的胁迫，增加了耐盐性指标。

（2）指标权重的确定。运用定性与定量综合集成的方法确定各项指标的权重，即采用层次分析法并结合专家咨询，确定指标集权重和各项指标权重。可采用方根法或求和法求解各个评价指标的权重。权重的确定是评价的一个关键环节，包括以下几个步骤：构造判断矩阵、层次

表3-10　　河道植物评价指标

常水位以下、常水位以上至设计洪水位			设计洪水位以上		
目标层	准则层	指标层	目标层	准则层	指标层
植物评价指标体系	生长指数	成活率	植物评价指标体系	生长指数	成活率
		生长势			生长势
	形态指数	根冠比		形态指数	根冠比
		根幅			根幅
	抗性指数	抗病虫害		抗性指数	抗病虫害
		抗冲性（山区河道）或耐淹性（平原区河道、沿海区河道）			抗旱性
		耐盐性（沿海区河道）			耐盐碱性（沿海区河道）
		耐贫瘠			耐贫瘠
		抗寒性			抗寒性
	效益指数	固土功能		效益指数	固土功能
		净化功能			净化功能
		观赏功能			观赏功能
		经济功能			经济功能

单排序和一致性检验、层次总排序和一致性检验。

1） 构造判断矩阵。这里的判断矩阵是采用Saaty等的1~9标度法对各层指标两两量化比较而建立起来的。

2）层次单排序和一致性检验。层次单排序和一致性检验，即求判断矩阵的特征值和特征向量，以计算对于上一层次某一指标而言，本层次与之相关的指标的重要次序。根据判断矩阵，利用线性代数知识，求出各判断矩阵的最大特征根所对应的特征向量。所求特征向量即为各指标权重值。一致性检验计算为

$$CR=\frac{CI}{RI} \tag{3-2}$$

其中

$$CI=\frac{\lambda_{\max}-n}{n-1} \tag{3-3}$$

式中：CR为一致性指标；CI为随机一致性指标；RI为平均随机一致性指标，可通过查表获得；$\lambda_{\max}$为判断矩阵的最大特征根；n为判断矩阵的阶数。

当$CR<0.1$，一致性检验通过。

3）层次总排序和一致性检验。层次总排序和一致性检验即根据各层次的单排序进行加权综合，以计算同一层次各指标相对于最高层次的重要排序。各个指标相对于评价总指标的一致性检验为

$$CR_{总}=\frac{CI_{总}}{RI_{总}} \tag{3-4}$$

其中

$$CI_{总}=\sum W_i\,CI_i$$

$$RI_{总}=\sum W_i\,RI_i$$

式中：W_i为标准层某项指标权重；CI_i为某层次单排序随机一致性指标；RI_i为某层次单排序平均随机一致性指标。

(3) 评价综合指数计算。通过评价综合指数大小来反映树种的优良状况。评价综合指数计算为

$$N=\sum W_i I_i \tag{3-5}$$

式中：N为综合指数；W_i为指标的权重；I_i为指标的分值。

(4) 评价指标分级。根据实测数据和相关文献资料，按照5级制对评价指标进行分级。按成活率≥95%、85%≤成活率<95%、70%≤成活率<85%、50%≤成活率<70%、成活率<50%分为5、4、3、2、1级。其他指标按所属程度的很强、强、中、弱、很弱或能力的很大、大、中、小、很小分为5、4、3、2、1级。

3.4 河道生态建设植物种类推荐

根据植物种植试验结果，总结出在亚热带地区河道生态建设中可以选用的、适宜不同河道类型、不同坡位的植物种类，为各地河道生态建设植物选择提供借鉴和参考。

3.4.1 山丘区河道推荐植物

(1) 设计洪水位至堤（岸）顶的植物有：

乔木树种：枫香（*Liquidamba formosana*）、湿地松（*Pinus eliottii*）、苦槠（*Castanopsis sclerophylla*）、构树、樟树、乌桕、女贞（*Ligustrum lucidum*）、黄檀（*Dalbergia hupeana*）、白杜、三角槭（*Acer buergerianum*）、蓝果树、鸡爪槭、油桐。

灌木树种：木芙蓉、木槿、杨梅、夹竹桃、紫穗槐（*Amorpha fruticosa*）、马棘、胡枝子（*Lespedeza bicolor*）、美丽胡枝子、牡荆（*Vitex negundo* var. *cannabifolia*）、柚、柑橘（*Citrus reticulata*）、中华常青藤、凌霄、络石（*Trachelospermum jasminoides*）、孝顺竹（*Bambusa glaucescens*）。

草本植物：狗牙根、高羊茅、黑麦草、假俭草、结缕草（*Zoysia japonica*）、中华结缕草（*Zoysia sinica*）、沿阶草（*Ophiopogon bodinieri*）、萱草、紫萼（*Hosta ventricosa*）、铁线蕨（*Adiantum capillus-veneris*）。

(2) 常水位至设计洪水位的植物有：

乔木树种：枫杨、水杉、池杉、南川柳、银叶柳、构树、垂柳、乌桕、女贞、野桐、白杜、三角槭、水竹（*Phyllostachys heteroclada*）。

灌木树种：胡枝子、美丽胡枝子、水团花、细叶水团花、海州常山（*Clerodendrum trichotomum*)、小叶蚊母树（*Distylium buxifolium*）、盐肤木、硕苞蔷薇、黄槐决明、山茱萸（*Cornus officinalis*）、白棠子树（*Callicarpa dichotoma*）、木芙蓉、木槿、小蜡（*Ligustrum sinense*)、野桐、马棘、牡荆、孝顺竹。

草本植物：狗牙根、假俭草、荻、芒（*Miscanthus sinensis*）、芦竹、斑茅（*Saccharum arundinaceum*）、虉草（*Phalaris arundinacea*）、牛筋草、异型莎草（*Cyperus difformis*）、美人蕉。

(3) 常水位以下的植物有：池杉、芦苇、芦竹、香蒲、水烛、菰、菖蒲、黄菖蒲、金鱼藻（*Ceratophyllum demersum*）、黑藻（*Hydrilla verticillata*）、苦草、菹草（*Potamogeton crispus*）。

山丘区河道常水位以下的岸坡常采用硬化处理，但也有一部分河道或河段采用复式断面，没有硬化处理。对于这些河道和河段常水位以下还具有种植植物的条件。

(4) 边滩和沙洲的植物有：

乔木树种：枫杨、水杉、池杉、南川柳、银叶柳。

灌木树种：水团花、细叶水团花、海州常山。

草本植物：芦苇、芦竹、五节芒（*Miscanthus floridulus*）、芒、斑茅、荻、蒲苇。

在不影响行洪或有足够的泄洪断面的前提下，为了改善河道生态环境，在边滩和沙洲可以种植一些耐水淹、抗冲刷的植物种类。

3.4.2 平原区河道推荐植物

(1) 常水位至岸顶的植物有：

乔木树种：水杉、池杉、垂柳、樟树、苦楝、朴树、榔榆、桑树、女贞、喜树（*Camptotheca acuminata*）、重阳木（*Bischofia polycarpa*）、合欢、棕榈（*Trachycarpus fortunei*）、水竹、高节竹（*Phyllostachys prominens*）。

灌木树种：黄槐决明（*Cassia suffruticosa*）、构骨冬青、木芙蓉、南天竺（*Nandina domestica*）、木槿、紫荆、紫薇、紫藤、小蜡、夹竹桃、牡荆、美丽胡枝子、中华常春藤、云南黄馨、孝顺竹。

草本植物：狗牙根、假俭草、黑麦草、芦苇、荻、斑茅、萱草、美人蕉、蒲苇、千屈菜（*Lythrum salicaria*）。

(2) 常水位以下的植物有：

乔木树种：池杉、水松、水紫树（*Nyssa aquatica*）。

草本植物：水烛、芦苇、薏苡、菰、藨草（*Scirpus triqueter*）、水葱、菖蒲、黄菖蒲、野灯心草（*Juncus setchuensis*）、睡莲、荇菜、金鱼藻、石龙尾（*Limnophila sessiliflora*）、菹草、眼子菜（*Potamogeton distinctus*）。

3.4.3 沿海区河道推荐植物

沿海区河道形成的时间不同，其土壤含盐量也不同。刚刚围垦形成的河道土壤含盐量很高，通常在0.6%以上，有些河道甚至达到1%以上。针对河道含盐量的差异，分3个梯度水平推荐相应的植物种类。

1. 土壤含盐量在0.3%以下

(1) 设计洪水位以上的植物有：

乔木树种：木麻黄、旱柳（*Salix matsudana*）、中山杉[(*Taxodium distichum* × *T. mucronatum*) × *T. mucronatum*]、墨西哥落羽杉（*Taxodium mucronatum*）、邓恩桉（*Eucalyptus dunnii*）、女贞、白榆（*Ulmus pumila*）、白哺鸡竹（*Phyllostachys dulcis*）。

灌木树种：海滨木槿、柽柳、海桐（*Pittosporum tobira*）、夹竹桃、石榴（*Punica granatum*）、桑树、单叶蔓荆（*Vitex trifolia* var. *simplicifolia*）、厚叶石斑木（*Raphiolepis umbellata*）、紫穗槐。

草本植物：紫花苜蓿（*Medicago sativa*）、狗牙根、五叶地锦(*Parthenocissus quinquefolia*)、匍匐剪股颖（*Agrostis rigidula* var. *formosana*）。

(2) 常水位至设计洪水位的植物有：

乔木树种：木麻黄、旱柳、中山杉、墨西哥落羽杉、邓恩桉、女贞。

灌木树种：海滨木槿、柽柳、夹竹桃、桑树、单叶蔓荆、紫穗槐、美丽胡枝子。

草本植物：狗牙根、紫花苜蓿、白茅（*Imperata cylindrica* var. *major*）、芦苇、芦竹。

(3) 常水位以下的植物有芦苇、芦竹、海三棱藨草（*Scirpus mariqueter*）等。

2. 土壤含盐量0.3%~0.6%

(1) 设计洪水位以上的植物有：

乔木树种：木麻黄、旱柳、弗栎（*Quercus virginiana*）、绒毛白蜡（*Fraxinus velutina*）、洋白蜡（*Fraxinus pennsylvanica*）。

灌木树种：柽柳、海滨木槿、南方碱蓬（*Suaeda australis*）、夹竹桃、海桐、滨柃（*Eurya emarginata*）、蜡杨梅（*Myrica cerifera*）、秋茄（*Kandelia candel*）、苦槛蓝（*Myopprum bontioides*）。

草本植物：盐地碱蓬、狗牙根、紫花苜蓿、白茅。

(2) 常水位至设计洪水位的植物有：

乔木树种：木麻黄、旱柳、弗栎、绒毛白蜡、洋白蜡。

灌木树种：柽柳、海滨木槿、滨柃、蜡杨梅、秋茄、苦槛蓝、木芙蓉。

草本植物：盐地碱蓬、狗牙根、白茅、芦苇、芦竹。

(3) 常水位以下的植物有芦苇、芦竹、海三棱藨草等。

3. 土壤含盐量0.6%以上

(1) 设计洪水位以上的植物有：

乔木树种：木麻黄、弗栎。

灌木树种：柽柳、海滨木槿、滨柃、秋茄。

草本植物：盐地碱蓬、狗牙根、白茅。

(2) 常水位至设计洪水位的植物有：

乔木树种：木麻黄、弗栎。

灌木树种：柽柳、海滨木槿、滨柃、秋茄。

草本植物：盐地碱蓬、狗牙根、白茅、芦苇、芦竹。

(3) 常水位以下的植物有芦苇、芦竹、海三棱藨草等。

第4章　河道生态建设植物群落构建技术

河道植物群落作为河流生态系统的一个重要组成部分，具有重要的生态功能、美学功能和社会经济功能。只有健康稳定的植物群落才能使河道生态建设植物措施发挥出应有的生态效益、经济效益和社会效益。构建健康稳定的植物群落是河道生态建设植物措施应用的关键技术，包括植物种类配置、种植密度、岸坡修整和加固、种植方式等诸多方面的内容。本章重点介绍河道生态建设的植物种类配置原则、种植土和苗木要求、河坡修整方法、植物种植以及河道植物群落综合评价方法等内容。

4.1 河道植物群落模式设计

河道植物群落设计是植物群落构建的重要组成部分。它包括河道植物种类配置、布置方式、种植密度设计等多项内容。

4.1.1 河道植物种类配置

1. 配置原则

植物种类配置是河道植物群落设计的重要步骤。河道生态建设植物种类的配置必须遵循一定的原则，才能构建出健康稳定的群落，最大限度地发挥植物措施的作用。河道植物种类配置应以保证水利工程（设施）安全为前提，避免对原有水利工程（设施）的破坏。河道生态建设植物种类配置应坚持以下原则。

（1）乔灌草相结合原则。乔灌草相结合而形成的复层结构群落能充分利用草本植物速生、覆盖率高及灌木和乔木植株冠幅大、根系深的优点，增大群落总盖度，更好地发挥植物对降雨的截流作用，减少地表径流，减弱雨水对地面的直接溅击作用，同时增加了空间三维绿量，更有利于改善河道生态环境。

（2）物种共生相融原则。根据生态位理论、互利共生理论，合理选择植物种类。选用的植物应在空间和营养生态位上具有一定的差异性，避免种间激烈竞争，保证群落的稳定。在自然界中，有一些植物通过自身产生的次生代谢物质影响周围其他植物的生长和发育，表现为互利或者相互抑制。河道生态建设选用的植物种类应在河道植物群落中具有亲和力，既不会被群落中其他植物种类所抑制而不能正常生长，也不会因为其自身的过快生长而抑制其他植物种类的正常生长。

（3）常绿树种与落叶树种混交原则。常绿树种与落叶树种混交可以形成明显的季相变化，避免冬季河道植物色彩单调，提高河道植被的景观质量。同时，林下光环境的季节变化有利于提高林下生物多样性。

（4）深根系植物和浅根系植物相结合原则。深根系植物种类和浅根系植物种类相结合形成立体的地下根系结构，不仅能有效地发挥植物固土护坡、防治水土流失的功能，而且还能提高土层营养的利用率。注意在堤防护坡上不应选用主根粗壮的植物，避免植物根系生长过快或死亡对堤防安全运行造成不利影响。

（5）阳性植物与阴性植物合理搭配原则。在群落的上层和边缘应配置阳性植物，下层和内部配置阴性植物。阴性植物与阳性植物的合理搭配，可以提高群落的光能利用效率，减少植物间的不利竞争。

(6) 固土护坡功能优先原则。植物合理配置的主要目的是满足固岸护堤、保持或增加河道岸坡稳定的基本要求。在注重植物发挥保持水土作用的同时，还要考虑植物配置的景观效果和为动物提供良好栖息地等生态功能。

(7) 经济实用性原则。减少河道工程建设投资是河道生态建设植物措施应用的主要优点之一。因此，在植物种类的配置上，应充分考虑各地经济的承受能力，尽量选用本地物种，节约工程建设投资和工程养护费用，力求植物配置方案经济实用。

2. 配置方法

植物种类配置应根据河道具体的立地条件、功能及生态建设要求来确定。植物配置应“师法天然”，仿照相同立地和气候类型条件下自然植被植物种类组成和空间结构进行配置。根据群落演替理论、生物多样性与生态系统功能理论，针对不同类型、不同功能河道选用适宜的植物种类进行群落配置。

河道常水位以下：主要配置水生植物，也可以配置耐水淹的乔木树种，如池杉、水松等。水生植物分为挺水植物、浮叶植物、漂浮植物、沉水植物等4种类型。沿河道常水位线由河岸边向河内可依次布置挺水植物、浮叶植物、沉水植物。由于河道水体的流动性，一般不配置漂浮植物。但对于相对封闭的河道、池塘和湖泊，水面上可以布置漂浮植物，增加景观和净化水质的作用。在河道生态建设中，主要配置一些挺水植物。挺水植物根据植株的高度进行配置。沿常水位线由岸边向河内，挺水植物种类的高度应形成梯次，以形成良好的景观效果。挺水植物可采用块状或带状混交方式配置。

河道常水位至设计洪水位：该区域是河道水土保持的重点。应根据河道的立地条件和气候特点，确定构建的植物群落类型。立地条件较好的地段可采用乔灌草结合，土壤条件较差的地段采用灌草结合。接近常水位线的位置以耐水淹的湿生植物为主，上部以中生但能耐短时间水淹的植物为主。物种间应生态位互补、上下有层次、左右相连接、根系深浅相错落，并以多年生草本、灌木和中小型乔木树种为主。

河道设计洪水位至堤顶：该部位是河道水土保持、植物绿化的亮点，是河道景观营造的主要区域。配置的植物以中生植物为主，树种以当地能自然形成片林景观的树种为主，物种应丰富多彩，类型多样，适当增加常绿植物比例。

河滩和沙洲：在有足够行洪断面的前提下，河滩和沙洲植物配置以乔灌草结合为主。配置的植物种类应耐水淹、抗水冲、根系发达。若受河道行洪要求限制，应以种植灌草为主，确保不影响河道安全泄洪。

3. 配置模式推荐

根据上述植物种类的配置原则和方法，在浙江省海宁市、义乌市、慈溪市等地分别对不同类型、不同功能的河道进行了河道生态建设植物措施应用试验研究和示范工程建设。根据试验研究和示范结果，筛选出了优良的植物配置模式，供各地河道生态建设植物措施应用借鉴和参考。

（1）山丘区河道。山丘区河道共推荐10个植物配置模式，见表4-1。在推荐的模式中，模式4、模式5、模式6特别适合于对景观要求较高的城市（镇）河道和河道节点应用；模式9和模式10为生态经济型模式，配置的植物种类相对较少。

表4-1　　山丘区河道植物配置模式推荐

模式编号	常水位至设计洪水位	设计洪水位至堤顶	堤　顶
1	乔木（枫杨）+灌木（美丽胡枝子）+草本（狗牙根）	乔木（枫香、苦槠）+灌木（美丽胡枝子）+草本（狗牙根）	乔木（女贞）+灌木（南天竺）+草本（狗牙根）
2	乔木（南川柳）+灌木（硕苞蔷薇）+草本（狗牙根）	乔木（湿地松）+灌木（木槿）+草本（狗牙根）	乔木（湿地松）+灌木（木槿）+草本（狗牙根）
3	乔木（乌桕）+灌木（水团花）+草本（黑麦草）	乔木（油桐）+灌木（伞房决明）+草本（黑麦草）	乔木（浙江楠）+灌木（伞房决明）+草本（黑麦草）
4	乔木（白杜）+灌木（山茱萸）+草本（紫花苜蓿）	乔木（杜英）+灌木（紫荆）+草本（紫花苜蓿）	乔木（蓝果树、杜英）+灌木（紫荆）+草本（紫花苜蓿）
5	乔木（三角槭）+灌木（小蜡）+草本（高羊茅）	乔木（枫香、樟树）+灌木（紫薇）+草本（高羊茅）	乔木（乌桕、樟树）+灌木（紫薇）+草本（高羊茅）
6	乔木（南川柳）+灌木（海州常山）+草本（美人蕉）	乔木（女贞）+灌木（木槿）+草本（狗牙根）	乔木（红枫、南方红豆杉）+灌木（木槿）+草本（麦冬）
7	乔木（旱柳）+草本（斑茅）	乔木（黄檀）+灌木（海桐）+草本（黑麦草）	乔木（江南桤木）+灌木（南天竺）+草本（黑麦草）
8	灌木（木芙蓉）+草本（狗牙根）	灌木（木芙蓉）+草本（狗牙根）	乔木（枫香）+灌木（夹竹桃）

续表

模式编号	常水位至设计洪水位	设计洪水位至堤顶	堤 顶
9	灌木（小叶蚊母树）+草本（黑麦草）	乔木（柚）+灌木（马棘）+草本（黑麦草）	乔木（柚）+灌木（马棘）+草本（黑麦草）
10	灌木（山茱萸）+草本（狗牙根）	灌木（杨梅、紫穗槐）+草本（狗牙根）	灌木（杨梅、紫穗槐）+草本（狗牙根）

(2) 平原区河道。平原区河道共推荐10个植物配置模式，见表4-2。模式6、模式7、模式8，由于在某个坡位配置了大型草本植物，因此没有采用灌木。模式10中，孝顺竹丛生，且高大，不配置乔木。在推荐的模式中，模式5、模式7、模式8特别适合于对景观要求较高的城市（镇）河段和河道节点应用，模式9为生态经济型模式，在发挥植物固岸护坡的同时，能产生一定的经济效益。

表4-2　　平原区河道植物配置模式推荐

模式编号	常水位以下	常水位至岸（堤）顶		岸（堤）顶
		常水位至设计洪水位	设计洪水位至岸（堤）顶	
1	菖蒲	乔木（榔榆）+灌木（夹竹桃）+草本（狗牙根）	乔木（黄山栾树）+灌木（夹竹桃）+草本（狗牙根）	乔木（樟树）+灌木（木槿）+草本（狗牙根）
2	芦苇	乔木（湿地松）+灌木（木芙蓉）+草本（高羊茅）	乔木（湿地松、女贞）+灌木（木芙蓉）+草本（高羊茅）	乔木（女贞）+灌木（紫荆）+草本（高羊茅）
3	香蒲	乔木（水杉）+灌木（马棘）+草本（薏苡）	乔木（樟树）+灌木（马棘）+草本（假俭草）	乔木（樟树、合欢）+灌木（小叶女贞）+草本（假俭草）
4	菰	乔木（南川柳）+灌木（美丽胡枝子）+草本（狗牙根）	乔木（冬青）+灌木（美丽胡枝子）+草本（狗牙根）	乔木（喜树）+灌木（石楠）+草本（狗牙根）
5	水紫树	乔木（乌桕）+灌木（小蜡）	乔木（枫香）+灌木（紫薇）+草本（麦冬）	乔木（枫香）+灌木（桂花）+草本（麦冬）
6	芦苇	乔木（苦楝）+草本（斑茅）	乔木（苦楝）+灌木（孝顺竹）	乔木（垂柳）+灌木（孝顺竹）

续表

模式编号	常水位以下	常水位至岸（堤）顶		岸（堤）顶
		常水位至设计洪水位	设计洪水位至岸（堤）顶	
7	池杉、水葱	乔木（珊瑚朴）+草本（蒲苇）	乔木（珊瑚朴）+灌木（海桐）+草本（紫花苜蓿）	乔木（香港四照花）+灌木（海桐）+草本（紫花苜蓿）
8	黄菖蒲	乔木（垂柳）+草本（美人蕉）	乔木（女贞）+灌木（木槿）+草本（萱草）	乔木（女贞、红枫）+灌木（木槿）+草本（萱草）
9	慈姑	灌木（桑树）+草本（狗牙根）	灌木（桑树）+草本（狗牙根）	乔木（枇杷）+草本（狗牙根）
10	菖蒲	灌木（孝顺竹）+草本（狗牙根）	灌木（孝顺竹）+草本（狗牙根）	乔木（意杨）+灌木（夹竹桃）

（3）沿海区河道。沿海区河道共推荐5个植物配置模式，见表4-3。其中，模式1和模式2适合于含盐量较高的河道（含盐量0.6%以上），模式3、模式4和模式4适合于含盐量较低的河道（含盐量0.6%以下）。

表4-3　　沿海区河道植物配置模式推荐

模式编号	常水位以上至岸（堤）顶		岸（堤）顶
	常水位至设计洪水位	设计洪水位至岸（堤）顶	
1	乔木（木麻黄）+灌木（柽柳）+草本（狗牙根）	乔木（木麻黄）+灌木（柽柳）+草本（狗牙根）	乔木（木麻黄）+灌木（柽柳）+草本（狗牙根）
2	乔木（弗栎）+灌木（海滨木槿）+草本（狗牙根）	乔木（弗栎）+灌木（海滨木槿）+草本（狗牙根）	乔木（弗栎）+灌木（夹竹桃）+草本（狗牙根）
3	乔木（旱柳）+灌木（夹竹桃）+草本（紫花苜蓿）	乔木（旱柳、邓桉）+灌木（夹竹桃）+草本（紫花苜蓿）	乔木（旱柳、邓桉）+灌木（海桐）+草本（紫花苜蓿）
4	乔木（女贞）+灌木（厚叶石斑木）+草本（狗牙根）	乔木（女贞、绒毛白蜡）+灌木（厚叶石斑木）+草本（狗牙根）	乔木（女贞、绒毛白蜡）+灌木（夹竹桃）+草本（狗牙根）
5	灌木（木芙蓉）+草本（狗牙根）	乔木（中山杉）+灌木（珊瑚树）+草本（狗牙根）	乔木（中山杉）+灌木（珊瑚树）+草本（狗牙根）

4.1.2 植物布置方式

河道生态建设植物措施应用不同于河道一般的简单绿化，更不同于城市园林绿化。因此，河道植物的栽植提倡以近自然的布置方式为主，避免河岸园林化、机械化布置植物，见图4-1。所谓近自然布置，一方面是指植物材料本身为近自然状态，尽量避免人工修剪和造型；另一方面是指在配置中要避免植物种类单一、株行距整齐划一。在配置中，尽可能仿照自然状态下的河岸植物情况，通过不同植物的合理配置、种植密度的稀疏，以及相互适应和竞争实现植物群落的共生与健康稳定。但是，根据各地河道建设的实际情况，有时为了便于施工和设计，也可采取较规则的布置方式。对于有规则的布置方式，不同的乔木树种应采用株间混交或行间混交，梅花状布置，灌木随机布置在乔木株间或行间，草本撒播于整个坡面，见图4-2和图4-3。对于岸（堤）坡较短的河道，如坡长仅1~2m，应采用乔灌草结合，株间混交的布置方式。

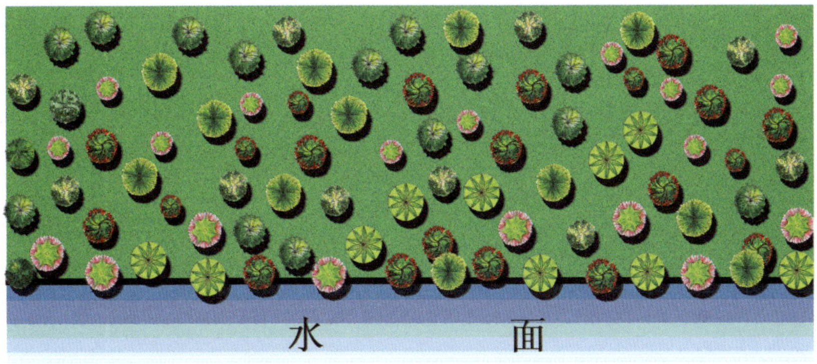

图4-1 河道护岸（坡）植物近自然化布置示意图

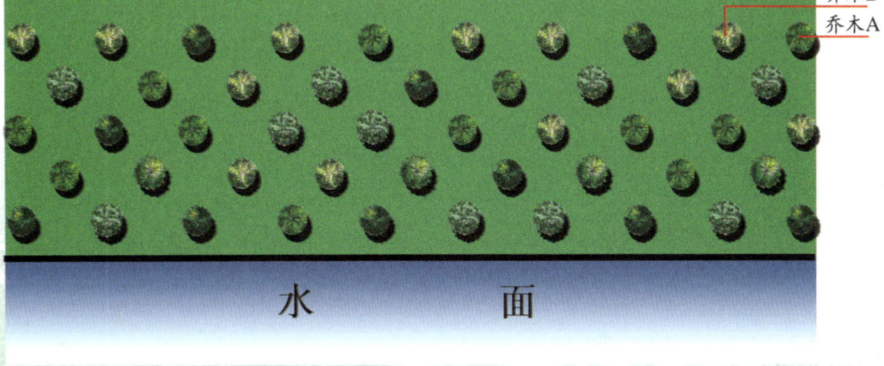

图4-2 河道护岸（坡）植物株间混交布置示意图

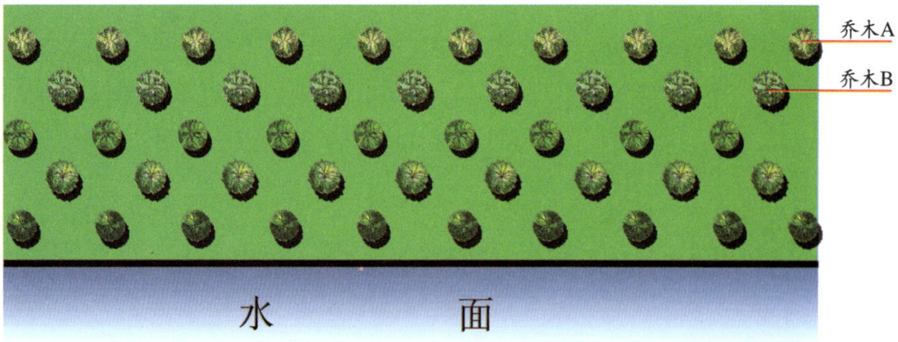

图4-3 河道护岸（坡）植物行间混交布置示意图

4.1.3 植物种植密度设计

若河道护岸（坡）植物采用规则布置方式，植物的株行距视植物的大小不同而有所差异，考虑到河道两岸的立地条件较差，与公园和道路绿化相比，植物种植应适当密一些，以尽快发挥和增强植物的固土护坡能力。一般来说，乔木株行距为2m×2m~4m×4m，灌木株行距为1m×1m~2m×2m。对于小型灌木，株行距应适当小一些。若采用近自然式布置，乔木种植密度一般应不低于600株/hm^2，灌木不低于1800株/hm^2，对于立地条件较差的河道，种植密度还应增大一些。有些灌木种类（如美丽胡枝子、马棘、紫穗槐等）也可以用种子撒播。种子的用量，根据种子的大小而定，如美丽胡枝子种子用量为0.2~0.4g/m^2、马棘为0.3~0.4g/m^2、紫穗槐为0.3~0.45g/m^2。陆生草本植物通常用种子撒播，如狗牙根种子用量0.6~1.2g/m^2，黑麦草为2~2.5g/m^2、紫花苜蓿为2.5~4.5g/m^2。水生植物的种植密度根据其植物个体大小和分蘖特征而定。根据分蘖特性，水生植物可以分成3类：第1类是不分蘖，如慈姑；第2类是1年只分蘖1次，如玉蝉花、黄菖蒲等鸢尾科植物；第3类是生长期内不断分蘖，如水葱等。不分蘖的和1年只分蘖1次的植物种植密度应适当加大；生长期内不断分蘖的植物可略为稀疏种植。一般来说：香蒲20~25株/m^2，芦竹5~7芽/丛、6~9丛/m^2，慈姑10~16株/m^2，黄菖蒲2~3芽/丛、20~25丛/m^2，水葱 15~20芽/丛、8~12丛/m^2，千屈菜16~25株/m^2，芦苇16~20株/m^2。

4.2 河道植物群落营造技术

4.2.1 岸坡修整与加固

在采用植物措施进行河道岸（堤）坡防护前，应对河道岸（堤）坡进行必要的修整，清除坡面上的碎石及杂物。建设范围内的一些本地野生草本植物和树木应进行保护。对长势强健且生长密集的植物予以保留，对于分布零散的病、弱植株进行清除。对有害植物，如加拿大一枝黄花、葎草等，必须彻底清除。

河道岸（堤）坡修整要顺周围地形和环境，要顺势而为、力求自然化，不要大面积翻动坡面土壤，以减少坡面水土流失和岸（堤）坡的不稳定性。如果河道岸（堤）坡较陡，应把坡度适当放缓，以满足岸（堤）坡整体稳定的要求。若岸（堤）坡土层较薄或砂砾石较多，应考虑适当添加客土整体覆盖，以保证植物的成活和正常生长。但在堤防上种植植物，必须注意堤防的安全与堤身的稳定，尤其是植物刚刚种植后的1~2年内，必须加强汛期堤防的安全观测和植物生长状况观测，避免产生大面积滑坡坍塌等危及堤防安全现象。

河道岸（堤）整体稳定是采用植物措施进行岸（堤）坡防护的前提条件。因此，对于河道岸（堤）坡较陡的河段或河道转弯的凹岸处，应对坡脚采用木桩、干砌石、生态混凝土等工程措施进行防护，见图4-4~图4-6。

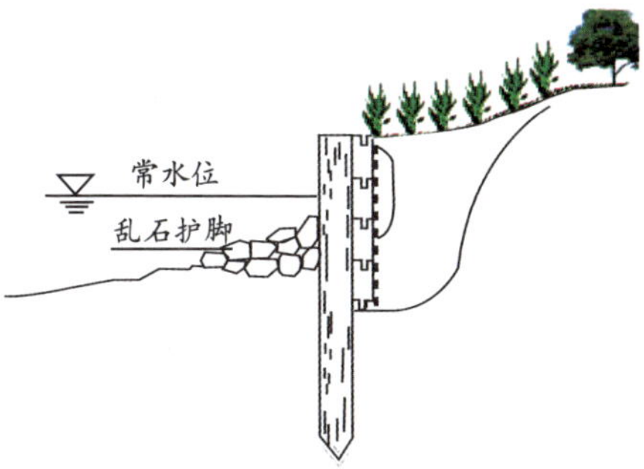

(a)

(b)

图4-4 河岸木桩护脚加固植物护坡

(a) 木桩护脚示意图；(b) 木桩护脚（韩玉玲 摄）

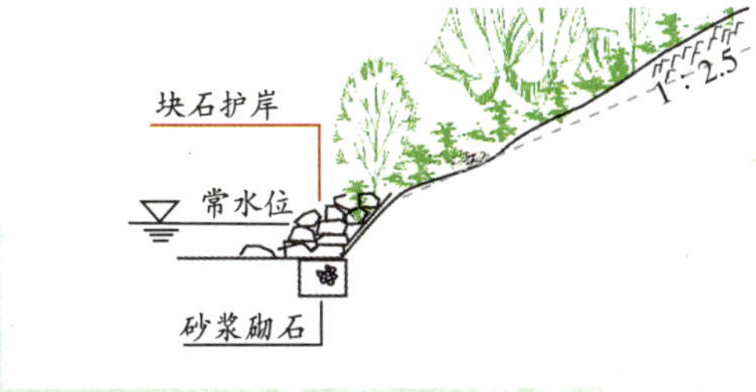

(a)

(b)

图4-5 河堤块石护脚加固植物护坡

(a) 块石护脚示意图；(b) 安吉县郭吴溪（韩玉玲 摄）

图4-6 河岸生态混凝土护脚（韩玉玲　摄）

4.2.2 岸坡土壤要求

河道岸（堤）坡种植土应疏松、不含建筑垃圾和生活垃圾等杂物。土壤种植层须与地下层连接，无水泥板、石层等隔断层，以保持土壤毛细管、液体、气体的上下贯通，利于植物正常生长。草本植物要求土深15cm土层范围内大于1cm的杂物石块少于3%；树木要求土深50cm土层范围内大于3cm的杂物石块少于5%。若发现土质不符合要求，需要引进适量客土进行更换。换土后应充分压实，以免因沉降产生坑洼，影响岸（堤）坡的稳定和引起植物倒伏。

4.2.3 苗木要求

(1) 苗木规格。为节省河道建设投资，提高植物成活率，除对景观有特殊要求的河道或河段外，苗木规格不宜太大。乔木树种胸径一般控制在4cm左右为宜。灌木规格视种类而定，基径一般在2cm左右为宜。有条件的地方，可采用地径2~4cm的容器苗。沿海区河道由于土壤含盐量高，为了提高植物的成活率，苗木规格还应更小。陆生草本植物一般用种子直播。水生草本植物规格视种类而定，如芦竹5~7芽/丛、黄菖蒲2~3芽/丛、水葱15~20芽/丛等。

(2) 苗木起运。原则上起苗要在苗木的休眠期。落叶树种从秋季开始到翌年春季都可进行起苗；常绿树种除上述时间外，也可在雨季起苗。春季起苗宜早，要在苗木开始萌动之前起苗，若在芽苞开放后起苗，会大大降低苗木的成活率；秋季起苗在苗木枝叶停止生长后进行，这时根系在继续生长，起苗后若能及时栽植，翌春能较早开始生长。

起苗时应尽量减少伤根，远起远挖，苗木主侧根长度至少保持20cm。由于冬春干旱，圃地土壤容易板结，起苗比较困难。因此，起苗前4~5天，圃地要浇水，这样既便于起苗，又能保证苗木根系完整，不伤根，还可使苗木充分吸水，提高苗体的含水量。

挖取苗木时应带土球。起苗时，根部要带土球，土球直径为地径的6~12倍，避免根部暴露在空气中，失去水分。裸根苗要随起随假植，珍贵树种还可用草绳缠裹，以防土球散落，影响成活率；需长途运输的苗木，苗根要蘸泥浆，并用塑料布或湿草袋套好后再运输。

运输要遵循“随挖随运”的原则。运输时带土球的苗木应土球朝前，树稍向后，并用木架将树冠架稳。当日不能种植的苗木，应及时假植，对带土球苗木应适当喷水以保持土球湿润。

4.2.4 种植方法

乔木、灌木和水生草本植物一般采用植苗，其他草本植物一般采用种子撒播。在这里重点介绍树木的种植方法。

（1）种植穴挖掘。根据施工设计图挖乔、灌木的种植穴。种植穴的大小和深度依据苗木规格而定，应略深于苗木根系。一般乔木树种种植穴宽度和深度不小于60cm × 60cm × 50cm，灌木或小乔木树种不小于40cm × 40cm × 30cm。土质较差的河岸，应加大种植穴的规格，并清理出砾石等不利于植物生长的杂物。

（2）栽植修剪。对拟种乔灌木根系应剪除劈裂根、病虫根、过长根。种植前对乔木的树冠应根据不同种类，不同季节适量修剪，一般为疏枝、短截、摘叶，总体应保持地上部分和地下部分水分代谢平衡。对灌木的树冠修剪以短截为主。较大的剪、锯伤口，应涂抹防腐剂。

（3）苗木栽植。苗木种植的平面位置和高程必须符合设计规定，树身上下应垂直，根系要舒展，深浅要适当。种植深度要求：乔木与灌木裸根苗应与原根茎土痕齐平；带土球苗木土球顶部应略高出原土。填土一半后提苗踩实，再填土踩实，最后覆上虚土。较大苗木为了防止被风吹倒，应立支柱支撑。苗木栽好后，第一次的浇水量要充足，使土壤与根系能紧密结合，浇水后若发现树苗有歪倒现象应及时扶直。

对于沿海区河道，由于土壤含盐量高，在选择耐盐植物的同时，应采用辅助措施提高植物成活率。可在种植穴底，铺设10cm左右的稻草、木屑、煤渣等盐隔离层，也可在种植穴内将少量的化学酸性肥料（如KH_2PO_4、$FeSO_4$）和较大量的有机物质（如砻糠、泥炭、木屑、腐叶土及有机垃圾）与原土混合，有利于改善树木根部生长环境，提高树木的抗盐性。在河道岸坡土壤含盐量较高不适宜种植灌木和乔木植物时，可先种植草本植物改良土壤，以后再种植树木。

(4) 栽植时间。落叶树种的栽植一般应在春季发芽前或在秋季落叶后进行；常绿树种的栽植应在春季发芽前或在秋季新梢停止生长后进行。

4.3 河道植物群落评价

人工构建的河道植物群落能否满足河道主要功能的要求，需要进行综合评价。为了对植物群落的质量进行科学的评价，本书对植物群落质量评价指标体系进行了研究。河道植物群落质量评价是一项复杂的工作，它包括评价指标体系的构建、指标的无量纲化、权重的确定、评价综合指数计算等内容。

4.3.1 评价指标体系

(1) 指标体系构建原则。具体有以下方面：

可操作性原则：所选取的指标应具有可监测性，指标内容简单明了，概念明确，容易获取。纯粹理论意义上的指标体系是毫无意义的，是否选取实用的指标对该指标体系能否应用于指导实际工作具有重要的影响。

科学性原则：评价指标体系要建立在科学的基础上，并能反映评价对象的本质内涵。每个指标应含义明确，简便易算，评价方法易于掌握。

可比性原则：又称统一性原则。是指指标核算量化应当按照现定的量化处理方法进行，量化指标元素口径一致，提供相互可比的量化信息。

可接受性原则：应使指标体系中的各项指标能为大多数人理解或接受，尤其是比较重要的指标。

数量适度性原则：指标数量不宜过多或过少。指标过多，评价难度大。指标过少，评价不科学、不合理。

(2) 指标体系构建思路。河道植物群落质量评价是一项复杂的系统工程，各因素的影响程度也不相同。本书用系统科学的结构功能理论构建河道植物群落质量评价的指标体系。群落的结构决定群落的功能和稳定性。健康稳定的植物群落能够发挥显著的生态、社会和经济效益。总体来说，植物群落的垂直层次结构越复杂，物种多样性越高，生物调节能力就越强，群落的稳定性就越高，植物就越健康。植物群落的理想结构可简单表述为复层、混交林结构，具有比较发达的灌木层和草本层，并且具有较高的生物多样性和生物生产力。这样的结构具有较高的稳定性、抗干扰性和活力。遵循系统性原则，构建分层次的河道植物群落质量评价体系。

(3) 指标体系的构建。根据评价指标体系的构建原则和河道植物群落评价指标体系的构建思路，在系统分析并整合国内外相关研究成果的基础上，用复合结构功能指标法，建立河道植物群落评价。该评价指标体系的准则层有：群落组成和结构、群落效益、群落健康度和群落自稳定度，共有10个具体指标，见图4-7。植物群落的水体净化功能是群落的主要功能之一。但是，由于山区河道水体的流动性，植物群落的水体净化功能难以测定，故在评价山区河道植物群落时，不采用评价水体净化功能的指标。由于山区河道土壤较长时间比较干旱，可采用土壤含水量变化率评价植物群落的保水功能，但该指标不适合平原区河道。

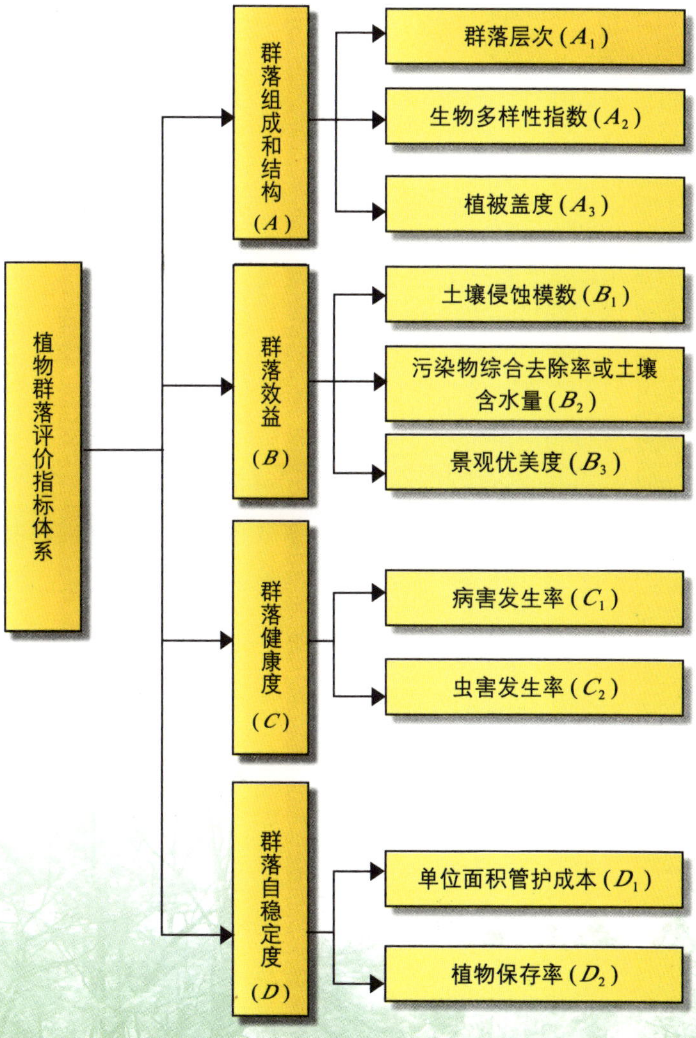

图4-7 植物群落评价指标体系

4.3.2 指标无量纲化

指标的无量纲化是指通过数学变换来消除指标量纲影响。指标的无量纲化方法有多种，归结起来主要有直线型方法、折线型方法和曲线型方法三大类。其中最常用的是直线型方法。直线型方法是在将指标实际值转化为不受量纲影响的指标评价值时，假定二者之间呈线性关系，指标实际值的变化引起指标评价值一个相应的比例变化。

该评价体系的指标无量纲化计算依据如下：

(1) 群落层次结构。分值范围：0~100分，采用评价指标分值法，具有乔灌草层的复层植物结构的分值为80~100分；仅具有乔灌、乔草结构的分值为60~80分；只有灌木或草本层的分值为60分以下。

(2) 物种多样性指数。采用Shannon-Wiener指数（H'）衡量，即

$$H' = -\sum_{i=1}^{S} P_i \lg P_i \tag{4-1}$$

式中：S为植物种类数量；P_i为物种重要值。

分值范围：0~100分，采用直线型方法，Shannon-Wiener指数超过2时为100分。

(3) 植被盖度。分值范围：0~100分，采用直线型方法，植被盖度70%以上为100分，30%以下为0分。

(4) 土壤侵蚀模数。分值范围：0~100分，采用直线Z-core法，土壤侵蚀模数为1500t/（$km^2 \cdot a$）时取0分，土壤侵蚀模数为0时取100分。该指标为控制性指标，当土壤侵蚀模数大于2000t/（$km^2 \cdot a$）时不再对该植物群落进行评价。

(5) 污染物综合去除率。由于平原区河道水流缓慢，可用污染物去除率表示植物群落的水体净化能力，但此指标不适合评价山丘区河道植物群落。采用计算公式为

$$A=100 \times (a+b+c+d/10)/4 \tag{4-2}$$

式中：A为水体污染物综合去除率，%；a、b、c分别为植物群落对水中TN、TP、COD的去除率；d为水中DO的测量值，mg/L。

分值范围：0~100分，采用直线型方法，污染物综合去除率为30%时取100分，去除率为0时取0分。

(6) 土壤含水量。用于山丘区河道植物群落的水源涵养效果评价，但对平原区河道不适

合。分值范围：0~100分，采用直线型方法，与对照（无植被）相比增加10%以下为0分，增加40%以上为100分。

（7）景观优美度。分值范围：0~100分。本指标为定性指标，采用评价指标分值法。景观非常优美为90~100分，景观优美为80~90分，景观效果一般为60~80分，景观差为40~60分，景观很差为0~40分。

（8）病害发生率：植物病害发生面积占整个面积的比例。本指标为逆指标。分值范围：0~100分，采用直线Z-core法计算，植物没有病害为100分，植物病害发生率大于10%为0分。

（9）虫害发生率：植物虫害发生面积占整个面积的比例。本指标为逆指标。分值范围：0~100分，采用直线Z-core法计算，植物没有虫害为100分，植物虫害发生率大于10%为0分。

（10）单位面积管护成本。分值范围：0~100分，采用直线Z-core法计算，管护投入为1元/（m^2·a）时取0分，没有管护投入为100分。

（11）植物保存率。分值范围：0~100分，采用直线型方法计算，植物保存率为100%时取100分，植物保存率低于60%时取0分。该指标为控制指标，当植物保存率小于50%时不再对该植物群落进行评价。

4.3.3 指标权重的确定

运用定性与定量综合集成的方法确定各项指标的权重，即采用层次分析法(AHP法)并结合专家咨询，确定指标集权重和各项指标权重。对于不同功能的河道，表达群落效益的各具体指标的权重也不完全相同。比如，生态景观型河道植物群落评价指标中，景观优美度的权重应大于其他功能类型河道。本书仅介绍行洪排涝河道植物群落评价指标的权重确定方法，其他功能类型河道可参考该方法。

（1）构造判断矩阵，见表4-4~表4-8。

表4-4 评价判断矩阵

	A	*B*	*C*	*D*	权系数
A	1	1/2	3	2	0.2771
B	2	1	4	3	0.4658
C	1/3	1/4	1	1/2	0.0960
D	1/2	1/3	2	1	0.1611

注 最大特征根λ_{max}=4.0301，*CI*=0.0103，*CR*=0.0116。

表4-5　　$A\text{-}A_i$ 判 断 矩 阵

A	A_1	A_2	A_3	权系数
A_1	1	1/2	3	0.3202
A_2	2	1	4	0.5571
A_3	1/3	1/4	1	0.1226

注 最大特征根λ_{max}=3.0183，CI=0.0032，CR=0.0056。

表4-6　　$B\text{-}B_i$ 判 断 矩 阵

B	B_1	B_2	B_3	权系数
B_1	1	2	4	0.5714
B_2	1/2	1	2	0.2857
B_3	1/4	1/2	1	0.1429

注 最大特征根λ_{max}=3.0000，CI=0.0000，CR=0.0000。

表4-7　　$C\text{-}C_i$ 判 断 矩 阵

C	C_1	C_2	权系数
C_1	1	1/2	0.3333
C_2	2	1	0.6667

表4-8　　$D\text{-}D_i$ 判 断 矩 阵

D	D_1	D_2	权系数
D_1	1	1/2	0.3333
D_2	2	1	0.6667

（2）层次总排序及一致性检验。其中一致性检验计算方法参见式(3-4)。

$$CI_{总}=0.2771\times0.0032+0.4658\times0+0.0960\times0+0.1611\times0=0.0009$$

$$RI_{总}=0.2771\times0.58+0.4658\times0.58+0.096\times0+0.1611\times0=0.4308$$

$$CR_{总}=CI_{总}/RI_{总}=0.0009/0.4308=0.0021<0.10$$

一致性检验可以接受。评价指标层次总排序见表4-9。

表4-9　　评价指标层次总排序

层次	群落组成和结构	群落效益	群落健康度	群落自稳定度	总排序结果
综合指标	0.2771	0.4658	0.0960	0.1611	1.0000
群落层次	0.3202				0.0887
生物多样性指数	0.5571				0.1544
群落盖度	0.1227				0.0340
土壤侵蚀模数		0.5714			0.2662
污染物综合去除率或土壤含水量		0.2857			0.1331
景观优美度		0.1429			0.0666
病害发生率			0.3333		0.0320
虫害发生率			0.6667		0.0640
单位面积管护成本				0.3333	0.0537
植物保存率				0.6667	0.1074

4.3.4 评价综合指数计算

通过河道植物群落评价综合指数大小来反映植物群落质量状况，评价综合指数N的计算公式见式（3-5）。

N评价综合指数以百分制记分评价：$N<60$分为较差；60分$\leqslant N<80$分为一般；80分$\leqslant N<90$分为良好；$N\geqslant 90$分为优秀。

第5章　河道植物管理与养护技术

与“硬化”工程措施相比，应用植物措施进行河道护岸护坡，具有工程建设投资少、养护费用低和生态效益显著等特点。从长远来看，植物措施护岸护坡维护简单，甚至可以免维护。但在植物种植初期，还是需要养护，尤其是遇到恶劣气候（高温、干旱）更应加强养护。应根据植物生境条件和植物特性，因地制宜，有针对性地进行科学管理养护。通过对土壤、水分、病虫等方面的综合管理，增强植物抵抗病虫害的能力，促进植物生长发育，保证河道植物健康成长。

5.1 栽后管理关键技术

随着我国生态环境保护意识的不断增强和对河道生态建设的日益重视，采用植物措施进行河道护岸护坡也越来越多地被各地广泛应用。由于一些河道建设工程，特别是某些重点工程，往往要求在较短的时间内呈现较好的生态景观效果，这就需要对植物进行科学地选择、移栽和种植，同时也要注重新移栽苗木的初期管理与养护。苗木移栽后的根系与移栽前相比损伤较大，再生能力较差，若养护不当容易导致苗木生长较差，严重的可直接死亡。因此，苗木移栽后的管护是否到位是植物措施在河道生态建设应用中成败的关键。

5.1.1 水分保持技术

已经移植或经过断根处理的苗木，在移植过程中，根系会受到较大的损伤，吸水能力大大降低，导致树体常常因供水不足、水分代谢失去平衡而枯萎，甚至死亡。因此，保持树体水分代谢平衡是移栽苗木养护管理和提高移植成活率的关键。

包干技术就是用草绳、蒲包、苔藓等保湿、保温材料严密包裹树干。该技术大多用于乔木树种，也用于一些枝干较大的灌木。经包干处理后，一是可避免强光直射和干风吹袭，减少树干、树枝的水分蒸发；二是可储存一定量的水分，使枝干保持湿润；三是可调节枝干温度，减少高温或低温对枝干的伤害。目前，有些地方采用塑料薄膜包干，此法在树体休眠阶段效果较好，但在树体萌芽前应及时拆掉，因为塑料薄膜透气性能差，不利于枝干的呼吸，尤其是高温季节，往往会因内部散热难而灼伤枝干、嫩芽或隐芽，对树体造成伤害。

在植物种植初期，若突遇高温、暴晒天气，为缓解因植物体内水分大量蒸发而影响代谢平衡，可以对植物个体采取适当的遮阳避晒措施。通常不提倡使用，但是一些名贵珍稀植物、观赏树种等，可以搭简易遮阴棚以降低温度，减少植物体内的水分蒸发。

另外，移栽初期，苗木根系吸水能力一般较差，为了避免植物地上部分（特别是叶面）因蒸腾作用而使体内过度失水，影响体内水分代谢平衡，在条件允许的情况下可及时对苗木进行喷水。通常，喷水要求细而均匀，喷洒植物体地上各个部位，在保持体内代谢平衡的前提下而提高根系的吸水能力。

5.1.2 促发新根技术

移栽后根系的生长情况决定移栽苗木的成活率及后期长势，因而有必要采取各种措施促进新根的生长。

(1) 控制水分。新移植苗木的根系吸水功能减弱，对土壤水分需求量较小，因此要控制土壤湿润程度。若土壤含水量过大，会影响土壤的透气性能，抑制根系的呼吸，不利于植物发根，严重时会导致树木因烂根而死亡。所以应严格控制土壤浇水量，移植时第一次浇水要充分，以后应视天气情况、土壤质地，谨慎浇水，同时还要慎防喷水时过多水滴进入根系区域。另外，要防止种植穴积水。种植时留下的浇水穴，在第一次浇水后应填平或略高于周围地面，以防下雨或浇水时积水，见图5-1。

图5-1 温岭市松建村河道（赵聚国　摄）

(2) 保护新芽。新芽萌发，对根系具有刺激作用，能促进根系的萌发。因此，应注意保护移植后树体所萌发的新芽，让其抽枝发叶，待树体成活后再行修剪整形，对于没有景观要求的河道一般不对植物进行修剪整形；同时应加强喷水、遮阴（一般不提倡遮阴）、防治病虫等养护工作，保证嫩芽与嫩梢的正常生长。

(3) 土壤通气。保持土壤良好的透气性，有利于新根萌发。有条件的地方要做好松土工作，以防土壤板结。一般在河道迎水岸坡不提倡松土，尤其是在汛期，不能实施松土工作，避免岸坡水土流失。另外，土壤离子浓度的高低也会影响新根的生长。例如，对于盐度较高的区域，除了选择耐盐性较高的植物种类外，可采取一定辅助措施，如带大土球、补充客土、增加隔盐层等，维持根系与土壤离子浓度的平衡，保证新根发育。增加隔盐层是指在种植穴底部覆盖炉灰渣、砻糠、锯末、稻草等，通常炉灰渣以20cm以上为宜，锯末或树皮以10cm或砻糠以5cm为宜，在使用隔盐层时要注意用土层把根系与隔盐层分开，以防烧坏根系。

5.1.3 树体保护技术

新移植苗木，抗性较弱，一般易受自然灾害、病虫害、人为活动和畜禽的危害，因此需要采用有效技术措施对树体外部器官进行合理的保护。

（1）植株固定支撑技术。苗木移植初期，根系扎入土层较浅，植株稳固效果较差，如山丘区河道，其坡面土层一般较薄，植物根部埋深有限，植株容易失稳倒伏；而沿海地区河道风力较大，往往会造成新移栽植株失稳倒伏。因此，苗木种植后，在条件允许的情况下，应采用适当的固定支撑技术对植物进行支撑固定，慎防倾倒。通常采用细竹竿或其他木棍，利用正三角桩的方式将植株加固、稳定，支撑点以树体高度的2/3处为好，并加垫植株保护层，以防伤皮，见图5-2。对种植密度较高的乔木，也可采用细竹竿或其他木棍简易平行加固，见图5-3。

（2）植物枝干防冻技术。新植苗木的枝梢、根系萌发迟，年生长周期短，积累的养分少，因而组织不充实，往往易受低温危害。对于一些特别容易受到冻害影响的植物，如杨梅、重阳木等，应采用适宜措施做好防冻保温工作。主要措施包括：对植物根系可采取增加适量地表覆土，或利用植物凋落物（如树叶、干草等）进行地面覆盖；对枝干可采用白石灰涂刷进行防冻保护。上述措施的实施时间，一般应在入冬寒潮来临之前。

此外，在畜禽容易破坏的区域，应在河道植物外围设置竹篱等进行隔离保护；在人类活动比较集中的区域，植株枝条、树干等易遭到干扰，可在外围种植密集小灌木，形成绿色隔离带；同时，还应设置警示牌，做好宣传、教育工作，形成人与自然和谐相处的良好氛围。

图5-2 正三角桩植株加固（赵聚国 摄）

图5-3 简易平行植株加固（韩玉玲 摄）

5.2 日常管理维护技术

按照植物配置设计方案完成种植后，应对河道植物进行定期管理维护，主要包括：除草、整形修剪和病虫害防治等。但由于植物所处的河道坡位不同、植物种类和群落模式不同，日常管理维护的重点和措施也有所不同。位于河岸坡顶的植物，整形与修剪就比较重要，能够保持较好的生长势和景观效果；位于坡面上的植物，由于坡度较大，如果没有景观建设需要一般不进行整形与修剪。无论是坡顶还是坡面，一般不进行除草，否则，不利于岸坡水土保持。如果岸坡杂草过多，严重抑制树木正常生长，仅对植物附近抑制其正常生长的杂草进行清除，无需全坡面清除。在特别高温干旱的季节，应重视植物浇水管理，以保持土壤湿润，促进植物生长。在各地河道建设中，可以根据当地的实际情况有选择地运用日常管理维护技术。

5.2.1 生态除草技术

河道岸坡生境复杂多样，适宜多种杂草生长，往往这些杂草都生长迅速，不但与新移栽植物争夺养分和水分，而且还是多种病虫害的中间寄主，如果不及时防治就可能会迅速蔓延，影响苗木的生长。在苗木移栽后不久，需要铲除一些速生杂草（如葎草），保证新移栽苗木正常稳定生长。

杂草的控制方法主要有物理方法、化学方法以及物理和化学相结合的综合防治方法等。为保护河道水体，防止杀虫剂、除草剂等各种农药的污染，对于河岸迅速生长的杂草，最好采用生态除草技术，即采用物理方法，主要采取人工拔除，既环保，又方便。虽然化学除草剂是最简单有效的除草方法，但在河道迎水坡不宜采用，在饮用水水源区域的河道禁止使用。

5.2.2 整形与修剪技术

整形修剪可以调节和控制植物的生长、开花和结果，缓解生长与衰老更新之间的矛盾，调整叶片养分的关系，使增高生长与增粗生长保持一定比例，同时可以塑造河道植物树形，达到景观优美效果，见图5-4。整形修剪适宜于景观河道和对景观要求较高的河段，例如城镇河段、居民住宅区河段、公园河段等。整形修剪一般针对种植在坡顶上的植物，这些区域与

图5-4 植物造型（韩玉玲　摄）

人们距离较近，特别是坡顶为道路或人行道时，需要更加注意植物形态。整形的植物主要是一些灌木植物，如红花檵木、红叶石楠、小叶黄杨等，而修剪则大多为高大乔木，如泡桐。坡面植物一般不需要进行人工整形修剪。

1. 整形修剪原则

整形修剪可以调节树势，保持合理的树冠结构，形成优美的树姿，塑造特色景观。整形修剪应遵循以下四方面原则。

(1) 树冠与树体比例适宜原则。为使观赏植物达到理想的效果，在整形修剪过程中，应遵循适宜的比例与尺度。树干与树冠的比例，一般控制在树冠高占全树的1/2~2/3。

冠宽与树体高的比例不同，所产生的景观效果也存在显著差别。当宽：高为1：1时，给人以端正感；当宽：高为1：1.414时，给人以豪华感；当宽：高为1：1.732时，给人以轻快感；当宽：高为1：2时，有种俊俏感；当宽：高为1：2.36时，给人以向上感。

(2) 主侧枝适宜控制原则。在整形修剪时，应根据主、侧枝间的生长特点，以及树龄、树种的特性，做到整形修剪与植物的分枝规律相统一，使主侧枝分布协调。

主轴分枝的植物，为使主枝间的生长势平衡且保持树冠均匀，应采用“强主枝重剪，弱主枝轻剪”的原则，促使形成高大通直的树冠。若要调节侧枝的生长势，则采取“强主枝轻剪，弱主枝重剪”的原则。

合轴分枝的植物，如紫薇，应采用“摘除顶端优势”的方法，把一年生顶枝短截。剪口下要留壮芽，去掉3~4个侧芽，保证壮芽生长良好。这种修剪方法可扩大树冠，增加花枝数量，促进植株内外开花。但幼树期应以培养中心枝为主，合理选择和安排侧枝，达到骨干枝明显。

假二叉分枝的植物多为木犀科、石竹科植物。该类植物枝端顶芽自然枯死或被抑制，造成侧枝的优势，主干不明显，因此容易形成网状的分枝形式。应除去部分芽，保留壮芽，以培养高的树干。

多歧分枝的植物，如夹竹桃，由于顶芽生长不充实，整形修剪应采用“扶芽法”，重新培养中心主枝。此类植物的花芽数量与其着生角度有关，角度适中时，开花多，结果多。

对成型乔木树种主要修除徒长枝、病虫枝、交叉枝、并生枝、下垂枝、残枝以及根部萌蘖枝等。对衰老树木可采取重度修剪，以恢复其树势。

(3) 遵循顶端优势原则。根据植物的顶端优势，控制树形，以促进开花。如针叶树种，顶端优势强，可对主枝附近的竞争枝进行短截，控制其生长，保证中心枝的顶端优势。阔叶树种一般顶端优势弱，树冠呈圆球状，一般通过短截、回缩和束枝来调整主侧枝的关系，促进花木生长，使整体树形良好。然而，阔叶树种的幼树顶端优势强于老树，所以幼树应轻剪，使之快速成形；老树应重剪，使其萌发新枝，增强树势。

(4) 遵循树木生长发育期原则。整形修剪可调节植物生长发育的关系，使养分供应到所需的部位。由于植物的用途不同，其整形修剪的目的和方式也不同，如河岸植物为行道树的，要不同于花果植物，而常绿植物则又有所差异。

行道树类：幼年期应以快生长、高树干、促进旺长为目的；成形后，保证骨干枝的增高生长，重剪可促进生长。

花果树类：幼树时要防早衰，重视夏季修剪，以轻剪为主；成形后，扩大树冠的同时又要保证开花，还要培育各级骨干枝，维持树体平衡，应严格控制徒长枝、竞争枝和扰乱枝；成年后，应培养永久性枝组，并留足预备枝，使成年枝和预备枝交替开花，增加观赏价值；对于老、衰树，应在促进根系生长的基础上剪干更新。剪梢、摘心可使枝条的伸长得到抑制，促使营养向中，短枝运输，达到开花多的目的。

常绿树类：各个季节的修剪应遵循一定的规律，修剪的强度也应有所不同。一般原则是：轻剪则剪去枝条的1/4；中剪则剪去枝条的1/2；重剪要剪去枝条的3/4。在旺盛生长以前要重剪，进入旺盛生长期后依据树形需要适当修剪。

2. 整形修剪方式

整形修剪的方式主要有人工式、自然式和人工混合式两种类型。

(1) 人工式的整形修剪。人工式的整形修剪一般是按照景观园林的具体要求，将树冠剪成各种特定的形态，如多层式、螺旋式、圆球式、半圆式或倒圆式、悬垂式、U字形、扇形、叉形等，以达到美观的效果。

(2) 自然式和人工混合式。自然式和人工混合式是指在树冠自然生长的基础上，进行适当的人工塑造，如杯状、头状和丛生状等。

3. 整形修剪类型

不同的修剪、整形措施会带来不同的效果，因此不同植物种类要因其修剪整形的要求采取不同类型，乔木类植物的整形修剪不同于灌木类和藤本类植物的整形修剪。

(1) 乔木类。乔木类主要有剪枝和截干。剪枝包括疏剪和剪截。疏剪是对树上的枯枝、病虫枝、交叉枝、过密枝从基部全部剪掉，以改善冠内通风透光条件，避免或减少膛内枝产生光脚现象。疏剪时，切口处必须靠节，剪口应在剪口芽的反侧，呈45°角倾斜，剪口应平整。如果簇生枝与轮生枝需要全部去掉的，应分次进行，以免伤口过多，影响树木生长。剪截主要对枝条先端的一部分枝梢进行处理，促发侧枝，并防止枝条徒长。生长期一般轻剪，休眠期一般重剪。截干是对茎或比较粗大的主枝、骨干枝进行截断，这种方法有促使树木更新复壮的作用。为缩小伤口，应自分枝点上部斜向下锯，保留分枝点下部的凸起部分，这样伤口最小，且易愈合。为防止伤口因水分蒸发或病虫害侵入而腐烂，应在伤口处涂保护剂，或用蜡封闭伤口，或包扎塑料布等加以保护，以促进愈合。

(2) 灌木类。为了充分体现灌木类的观赏价值，根据各灌木种类的花期不同，进行相应的整形修剪。

春季开花，花芽（或混合芽）着生在二年生枝条上的花灌木，如碧桃、迎春花等是在前一年的夏季高温时进行花芽分化，经过低温阶段后于翌年春季开花，因此应在花残后、叶芽开始膨大尚未萌发时进行修剪。修剪的部位依植物种类及纯花芽或混合芽的不同而有所不同。碧桃、迎春花等可在开花枝条基部留2~4个饱满芽进行短截。

夏秋季开花，花芽（或混合芽）普遍生长在当年生枝条上的花灌木。应在休眠期进行重剪，仅留二年生枝基部2~3个饱满芽，其余全部剪除，促使多发枝、发壮枝。

花芽（或混合芽）着生在多年生枝上的花灌木，如紫荆，虽然花芽大部分着生在二年生枝上，但当营养条件适合时多年生的老干亦可分化花芽。对于这类灌木中进入开花年龄的植株，修剪应较小，在早春可将枝条先端枯干部分剪除，在生长季节为防止当年生枝条过旺而影响花芽分化可进行摘心，使营养集中于多年生枝干上。

花芽（或混合芽）着生在开花短枝上的花灌木，如西府海棠等。这类灌木早期生长势较强当植株进入开花年龄时，多数枝条形成开花短枝，而且连年开花。这类灌木一般不进行大修剪，可在花后剪除残花；夏季生长旺时适当摘心，抑制其生长，并对过多的直立枝，徒长枝进行疏剪。

一年多次抽梢，多次开花的花灌木，如月季，可于休眠期对当年生枝条进行短截或回缩强枝，同时剪除交叉枝、病虫枝、并生枝、弱枝及内膛过密枝。寒冷地区可进行强剪，必要时进行埋土防寒。生长期可多次修剪，也就是花后在新梢饱满芽处短截（通常在花梗下方第2芽至第3芽处），剪口芽很快萌发抽梢，形成花芽开花，花谢后再剪。

观赏枝条及绿叶的灌木，应在冬季或早春进行重剪，以后轻剪，促使多萌发枝叶。耐寒的观枝植物，可在早春修剪，以便冬枝充分发挥观赏作用，见图5-5。

(3) 藤本类。其整剪修剪主要由生长发育习性决定，主要类型有棚架式、凉廊式、篱垣式、附壁式和直立式，目前用于河道藤本植物的主要为附壁式和直立式。

附壁式：只要将藤蔓引于墙面即可自行靠吸盘或吸附根而逐渐布满墙面，常见的植物有扶芳藤、常春藤等。修剪时应注意使壁面基部全部覆盖，各蔓枝在壁面上分布均匀，避免互相重叠交错。此方式修剪与整形最容易出现的问题就是基部空虚，不能维持基部枝条长期茂密。对此，应采取轻、重修剪以及曲枝诱引等综合措施加以纠正。

直立式：对于一些茎蔓粗壮的种类，如紫藤等，可以修剪整形成直立灌木式。

图5-5 景观河道灌木整形修剪（韩玉玲　摄）

4. 整形修剪时期

整形修剪可常年进行，但为了避免整形修剪给植物生长带来负面作用，需要在一定时期内进行。植物的整形修剪按照处理时间不同，可划分为休眠期修剪和生长期修剪2个类型。

(1) 休眠期修剪。落叶树种，从开始落叶至春季发芽前进行的修剪，称为休眠期修剪或冬季修剪。该期间植物生长停滞，树体内养分大部分回归发根部；修剪后营养损失小，且伤口不易被细菌感染腐烂，对树木生长影响最小。

(2) 生长期修剪。在生长期内进行修剪，称为生长期修剪或夏季修剪。常绿植物没有明显的休眠期，如果采取冬季修剪，伤口不易愈合，且易受冻害。常绿类花木一般应在植株萌发新叶前进行修剪，而冬季开花的常绿花木应在花后到新梢、新叶萌发之前进行修剪。如花卉一般在7~8月进行花芽分化，这时营养中心会转移到中短枝上，以保证开花结果的数量，应对旺枝进行短截、摘心，促进养分集中到中短枝上。另外，应重点剪去重叠枝、交错枝和过密枝，使树冠内外叶片都能见光，充分利用光能，增加光合产物。

5.2.3 病虫害防治技术

河道植物在生长发育过程中，容易遭受各种病虫害，轻者造成生长不良，失去固土护坡作用和观赏价值，重者植株死亡，造成经济损失和岸坡水土流失。因此，防治病虫害，要以防为主，早发现，早控制，有效保护河道植物，使其减轻或免遭各种病虫害威胁。

1. 病虫害主要症状及识别

多数植物都会遭受害虫的影响，这些害虫种类繁多，为害以后会在植物上留下明显的症状，因此可以根据症状来大致判断病虫害的种类，从而有针对性的采取防治措施。受病虫害影响的常见症状有以下10种。

(1) 缺刻和穿孔。大部分食叶害虫食害植物的叶子后，会留下食害的痕迹。根据食害方式的不同，痕迹也不同：一类害虫采用啮食方式为害，留下的痕迹为穿孔，如蓑蛾类、叶甲类、蝗虫类、蜗牛等；另一类害虫采用蚕食方式为害，为害后会在叶片上产生缺刻，如刺蛾、天蛾、尺蛾等大多数鳞翅目害虫的幼虫、叶蜂类等见图5-6。部分病原菌危害叶片也可形成穿孔，但病健处有明显痕迹，见图5-7。

图5-6 火棘尺蠖

(2) 虫粪和排泄物。害虫取食后必然会排出虫粪或排泄物，不同害虫的排泄物是不同的。食叶害虫食害后会排出粪便，蛾类、蝶类等鳞翅目害虫的粪便是粒状的，而且根据粪粒的大小，可以判别虫体的大小；叶甲、蜗牛的粪便是条状的。蛀干害虫的粪便形状各有特点，天牛是木粉状或木丝状，见图5-8；木蠹蛾是堆粒状；蝙蝠蛾呈粪包状；白蚁可筑条状或片状的泥被。刺吸性害虫的排泄物因不同的种类而异，蚧虫、蚜虫、粉虱、木虱等能排出大量无色透明的液体，而网蝽、蓟马等能在叶背面排出褐色块状的排泄物。

图5-7 大叶黄杨穿孔病

(3) 斑点。经刺吸性害虫抽吸树液后，破坏了植物的营养生理，并在寄主植物的叶片上出现斑点。不同种类的刺吸性害虫能形成不同的斑点，如蚧虫为害后，由于它长期定位吸汁，会产生黄色或红色的斑块；叶螨为害后，叶片上会出现成片的红褐色或黄白色的小斑点；网蝽、蓟马为害后，叶片上会出现黄色或白色的点状斑，见图5-9；叶蝉为害后，叶面会出现黄白色的不规则小斑。

图5-8 天牛危害后的排泄物

（4）卷叶。有些害虫为害以后会使叶片产生卷曲现象，如榆卷叶蚜、海棠卷叶蚜、海桐蚜等；而有的害虫有卷叶为害的习性，如棉大卷叶螟、金钟卷叶蛾能把叶片卷成松散筒形，见图5-10；蔷薇卷叶象虫、沙朴卷叶象虫能把叶片卷成实心筒形等。

图5-9 杜鹃网蝽危害引起的斑点

（5）缀叶。有些种类害虫有缀叶为害的习性。常见缀叶为害的害虫有樟丛螟(又名栗瘤丛螟)和枫香丛螟，这类害虫常几条或几十条群集为害，并能吐丝缀叶，所以从外观上可见嫩枝和叶片结织成虫巢，见图5-11。

（6）虫瘿和伪虫瘿。有些刺吸性害虫为害后，可刺激植物组织形成虫瘿或伪虫瘿。如秋四脉绵蚜、榉四脉绵蚜、杭州新胸蚜等害虫为害后，会出现囊状虫瘿，见图5-12；蔷薇瘿蜂、紫楠瘿蜂等为害后，会出现球状虫瘿；朴盾叶木虱为害后会形成管状伪虫瘿；柳刺皮瘿螨为害后会出现成丛的不规则虫瘿。

（7）潜痕。有些害虫有潜叶为害的习性，由于它们潜入叶肉食害，会使叶片上出现不同形状的潜痕。能潜叶为害的害虫有潜叶蛾，如柑橘潜叶蛾、樟潜叶细蛾；潜叶蝇，如蔷薇潜叶

图5-10 卷叶蛾

图5-11 樟巢螟

蝇、菊潜叶蝇；潜叶甲，如女贞潜叶跳甲（图5-13）、枸杞潜叶甲。

图5-12 虫瘿

图5-13 女贞潜叶跳甲

（8）枯梢。有些害虫或病原菌为害河道植物后会引起植物梢部营养输导功能丧失，造成枯梢，见图5-14。如蔷薇茎蜂产卵后能使蔷薇、月季的嫩枝弯曲枯萎；紫薇切梢象虫为害后能切断紫薇嫩梢造成枯梢，桃食心虫、松切梢小囊蛀食后会使桃梢、松梢枯死；落叶松枯梢病、茶树枯梢病等引起梢部枯死。

（9）落叶和整株枯死。受天牛、白蚁、蝙蝠蛾、松干蚧等蛀干害虫为害后，由于植株的输导功能被严重破坏，使生长势衰弱，所以造成植株叶子变小、早落，产生枯枝或全株枯死，见图5-15。

（10）病害。蚜虫、蚧虫、木虱等刺吸性害虫的排泄物中含有大量碳水化合物，这是烟煤病生活的良好基质，所以这些害虫为害后可诱发烟煤病，见图5-16。另外，盾蚧的寄生可诱发

图5-14 枯梢病

图5-15 天牛危害引起植株枯死

膏药病，瘿螨的为害能形成毛毡病。

图5-16 龟甲冬青烟煤病

2. 化学药剂的选择

由于河道植物生长在水边，有的靠近村庄、道路和居民区，农药的使用容易造成水体和空气污染，应尽量根据不同病虫的危害特点，选择和使用高效低毒新型化学药剂及生物农药，如吡虫啉、灭幼脲、阿维菌素、白僵菌、绿僵菌、苦参碱、印楝素、烟碱、鱼藤酮、菊酯类农药等，减少对环境的污染和对人体健康的危害。同时可通过药剂使用方法的改进增强药效，减少农药的使用量，减少对生态环境的污染。在饮用水水源保护区的河道植物禁止使用有毒杀虫化学药剂。

3. 化学药剂防治方法

利用化学药剂进行植物病虫害防治的方法主要有以下5种方法。

(1) 树干涂白法。树干涂白可防天牛、吉丁虫等蛀干害虫在树干上产卵，还可预防腐烂病和溃疡病，延迟芽的萌动期，避免枝芽受冻害。树干涂白剂常用的配方是：水10份，生石灰3份，石硫合剂原液0.5份，食盐0.5份，油脂(动植物油均可)少许配制而成，涂白高度自根部以上1~1.5m处为宜。

(2) 根施颗粒剂法。在树木根部土层挖坑、打孔，施入内吸性较强颗粒剂，如土虫逋、辛硫磷颗粒等，根部吸收后输送到地上部分的干、枝、叶中，害虫取食后中毒死亡。此法可防治介壳虫、蚜虫、蛀干害虫等。这种方法不受温度、降水、树高等因素的影响，且药效持久。

具体做法：在距树干60cm以外的根系密集区，围树挖3~4个0.5m深的坑（或孔），每坑（孔）内放50~80g低毒农药颗粒剂，将坑（孔）填平灌水，药水溶后加速根系的吸收。春夏两次施药可结合施肥同时进行。

(3) 树干注药法。注药法是在树干周围钻孔注药，使全树体都具有农药的有效成分，不论害虫在什么部位取食都会中毒死亡。此法操作简便，省工、省药、不污染空气，不伤害天敌，防治效果好。可有效防治天牛、木蠹蛾、吉丁虫等蛀干害虫，蚜虫、介壳虫、螨类等刺吸式口器害虫，各种食叶害虫及树毛毡病、烟煤病等病害。在树木萌芽至落叶前的生长期内都可以进行注药，但4~8月施药效果最好，树木落叶至萌动前的休眠期不能用药。农药应选用内吸性较强且对树木生长无影响的药剂，且因不同害虫、树种而异。

注药方法：采取先钻孔后注药的方式，用直径0.8~1cm木工钻或充电电钻，在距地面15~50cm的树干上，呈45°角向下斜钻8~10cm深的注药孔，深度以达髓心为宜。在树干四周呈螺旋上升钻孔，大树可钻3~5孔，中树可钻2~3孔，小树可钻1孔，将孔中的锯末掏出注入药液。注药完毕后，孔口要用蜡、泥巴或胶布封闭。注药孔2个月左右即可愈合。注药量，应根据树木大小确定，按原液计算，一般胸径在15cm以上的大树，每株注药6~10mL；胸径在10~14cm的中等树，每株注药4~6mL；胸径在10cm以下的小树，每株注药2~4mL。根据气温的变化确定注药的稀释浓度。气温不高时，可注射稀释1~2倍的药液；高温时要将原药液稀释3~6倍后注入，以免在高温下药液浓度过高而产生药害。

(4) 树干涂胶法。对于一些具有上、下树迁移习性的害虫，如危害杨、柳、榆、槐、槭等树木的春尺蠖、杨毒蛾，危害松树的松毛虫，危害槐树、构树、枣树等树的朱砂叶螨等害虫，可使用粘虫胶将其粘住致死。该产品黏着力强、药效长、无毒、无污染、成本低，有着广泛的应用前景。

使用方法：一是直接将粘虫胶涂在树干上；二是先用1.5~2cm宽的胶带在主干光滑部位缠绕一圈，然后将粘虫胶均匀的涂在胶带上。涂抹时不要粘着杂草，以防杂草搭桥，产生离体，使害虫摆脱粘虫胶逃离。

(5) 超低容量喷雾法。超低容量喷雾指单位面积上施药量不变，将农药原液稍微稀释进行喷雾，由于雾粒细，容易黏附于植物枝干、叶片上，加上药液浓度比常规喷雾提高了几倍，甚至十几倍，因此可大大提高防治效果，适合雨季采用。

超低容量喷雾具有许多优点：一是工效高，人行喷雾速度可达到0.51m/s，这对防治暴发性的病虫害十分有效；二是用药量少，一般几百至几千毫升药液的喷洒面积达1亩；三是原药一般不需要加工就能直接使用，这可节省溶剂、乳化剂、填充剂、包装材料和运输量等，从而大大节约使用成本；四是浓度高药效长，药剂有效成分超过80%，因此残效期也相应延长，防治期可以适当放宽；五是植物附着的药液接近原药，其挥发性浓度高，熏杀作用大，药剂接触到害虫与病菌时，能很快地向害虫及病原体内侵入或渗透，大大提高防治效果；六是喷药时药剂雾点细，黏附在植物上的比例相应大些，因此流失量减少，对环境、大气、河流的污染也大大减轻。

超低容量喷雾法，确实有很多优点，但并不是所有农药品种都可以作超低容量喷洒使用，它除对药剂有一定要求外，对自然气候条件也有要求。一是药剂的毒性要低，致死中量(LD_{50})

一般要大于100mg/kg。毒性太大，在使用时容易发生操作人员的中毒事故。二是药剂要具有较强的内吸作用。由于喷雾速度快，且用药量少，植物体表上不可能每个部位都能粘到药剂，而植物的每个部位都可能受病虫危害，如果药剂没有较强的内吸作用，势必造成“漏网之鱼”，致使喷到药的部位效果好，未喷上药的部位效果差。三是对溶剂的要求很高，溶剂溶解度要大，挥发性要强，沸点要低，对植物要安全无害。四是对鱼类和蜜蜂及天敌等的毒性要低。五是大风和无风天气不能喷，一般在有2~3级风的晴天或阴天喷洒为宜。此外，高温天气也不宜施用，否则会增加药剂的挥发，缩短残效期，降低防治效果。

4. 化学药剂安全使用技术

用农药控制河道植物病虫害应尽量做到用药量要少，施药质量要高，防治效果要好，不发生药害，对有害生物不产生抗药性，对人畜、天敌及水生动物安全无害等，所以应遵循以下5方面原则。

(1) 对症下药。要根据不同的防治对象、不同的时期选用适宜的农药品种、剂型和合适的浓度进行施药，这样才能收到良好的效果。否则，不但效果差，还会浪费农药，延误防治时机，甚至对农作物造成药害。例如，防治树木上的红蜘蛛，应在冬季清理落叶前喷洒0.8~1度的波美度石硫合剂，降低越冬虫口基数。春梢和秋梢抽生后若发现为害，则可用40%水胺硫磷稀释1000~2000倍喷雾。随着科学技术的发展，农药的新品种、新剂型不断涌现，要合理使用农药，还必须了解所使用农药的性能及使用方法，以便根据不同的防治对象，选用不同的农药。

(2) 适时用药。必须根据病、虫情的调查和预测预报，抓住有利时机，适时用药，这样才能发挥农药应有的效果。最好在幼（若）虫期用药，此时害虫的抗药力较弱，又未造成大的危害。如防治食心虫等蛀食性害虫，应在幼虫蛀入芽或枝条之前喷施药液，若已蛀入芽或枝条再防治，则防治效果较差。

(3) 适量配药。任何种类农药均须随着防治对象、生育期和施药方法的不同按标签上的推荐用量使用，不得任意增减。超过所需的用药量、浓度和次数，不仅会造成浪费，还容易产生药害，以致引起人畜中毒，加快抗药性的产生，过多杀伤害虫的天敌和加重对环境、农副产品残留污染等等。如果低于防治所需的用药量、浓度和次数，就达不到预期效果。因此，配药要适量，切不可随意增减。

(4) 合理混用、交替用药。长期单一使用某一种或某类农药，易使害虫或病菌产生抗药性。合理混用农药不仅能兼治多种病虫害，省药省工，还可防止或减缓害虫或病菌产生抗药性。如将克螨特、双甲脒等杀螨剂分别与杀灭菊酯、溴氰菊酯等拟菊酯类农药混用，可有效地杀灭红蜘蛛和多种树木上的有害昆虫。在树木的整个生长季节，即使防治同一种病或虫，也不宜擅用同一种农药，而应几种农药交替使用，以提高防治效果，减缓病虫产生抗药性的速度。如拟菊酯类农药，在一个生长季节只能用1~2次，如使用次数过多则加速害虫产生抗药性。

(5) 注意安全。操作人员在配药、喷药时必须做好个人防护，防止农药污染皮肤，在中午高温时，不要喷毒性高的农药，连续喷药时间不能过长。在操作现场要保管好药液，防止人畜误食中毒。凡使用农药之前，必须阅读有关说明，了解使用剂量、使用浓度以及有关注意事项，确保安全，减少或避免药害。各种农药在施用后分解速度不同，为保证城市居民安全，残留时间长的品种应及时隔离并树立警示标志，此外还要注意防止污染附近水源、土壤等。

5.2.4 其他管护技术

利用植物措施进行河道生态建设，尽管河道两岸土壤水分较充足，坡位较高处土壤含水量仍然较高，但在某些区域（特别是设计洪水位以上至坡顶）的土壤含水量则相对较低。因此，在某些特殊情况（如长期干旱导致植物落叶、枯萎）下，则需要对植物进行适当浇水。水分是植物的基本组成部分，它能维持细胞膨胀使枝条伸直，叶片展开，花朵丰满、挺立、鲜艳，并使植物充分发挥固土护坡作用和观赏美化效果。若土壤含水量不足，地上部分植物停止生长，土壤含水量低于7%时，根系将停止生长，且因土壤离子浓度增加，根系发生外渗现象，会引起根系失水而死亡。植物在不同的生长期内，对水分的需求量也不同，早春植株萌发前需水量不多；枝叶盛长期，需水较多；花芽分化期及开花期，需水较多；结实期要求水分较多。

另外，对于某些河道植物，尤其是引种的树种，难以适应严寒冬季和早春树木萌发后遭受晚霜之害，往往冻害会使植株枯萎死亡。为防止冻害发生，可通过加强栽培管理，增强树木抗寒能力，保护根茎和根系，裹草绳或涂白保护树干等措施。

第6章　植物措施应用案例

本书第3章和第4章详细介绍了河道生态建设植物种类选择和植物群落构建的方法和技术要点。为了说明如何运用植物措施技术解决河道生态建设中遇到的实际问题，本章以浙江省为例，通过具体的案例分析，详细介绍不同类型河道（山丘区河道、平原区河道和沿海区河道）生态建设适宜植物选择、植物配置方案设计、植物群落构建等内容，分析植物措施应用取得的经济效益、生态效益和社会效益，并对典型案例进行剖析，总结经验，提出进一步完善和优化的措施。

6.1 山丘区河道植物措施应用案例

浙江省多山的地形地貌特征和丰沛的降水造就了众多的山丘区河流。与平原区河道相比，山丘区河道上游岸坡土层薄、坡面陡、水肥条件差、河道坡降大。中下游河道多呈现河面宽、边滩沙洲多、植物种类丰富等特点。山丘区河道汛期降雨集中，水位暴涨暴落，流量变幅大，枯水季节水位低、流量小，平时流量多、流速大、冲刷力强。因此，河道植被一旦遭到破坏，恢复的难度大于平原区河道。

为在河道建设中，尽量减少工程建设对河流生态系统的胁迫，修复河流生态，再塑“绿水青山”的自然景观，可考虑采用植物措施恢复河道植被，改善生境，发挥河流的生态服务功能，维护河流健康。

根据山丘区河道的特点，河道建设宜采用复式断面，洪水期水流漫滩满足安全泄洪的要求，非汛期水流控制在主河槽内，河滩和堤防坡面防护均可采用植物措施。若在用地紧张的村庄和城镇河段，宜采用梯形断面，在堤防迎水坡坡脚采取大方脚、矮挡墙等工程措施防护的同时，适当放缓堤岸坡度，在满足堤岸整体稳定的前提下，采用植物措施护岸、护坡。如义乌市大陈江大陈镇河段、永康市酥溪山西村河段、龙游县罗家溪文林村河段、龙泉市龙泉溪下沙桥村河段、安吉县郸吴溪郸吴村河段等采取植物措施进行河道堤岸防护，效果较好。本节仅以义乌市大陈江大陈镇河段和永康市酥溪山西村河段两河段为典型案例进行详细分析。

6.1.1 义乌市大陈江

(1) 概况。大陈江是浦阳江的一级支流，总长37km，流域面积264km^2。义乌市境内干流长28.5km，其中大陈镇以上河道长23.4km，集雨面积245km^2，平均坡降1.93‰，发挥着行洪排涝、灌溉输水等基本功能，在浙江省中部丘陵盆地中具有典型性和代表性。

大陈镇是中国衬衫之乡，改革开放以来，工业经济快速发展，城镇建设日新月异。镇政府非常重视生态建设，组织编制了生态镇建设规划，开展村镇绿化、农村垃圾集中处理等活动，不断改善农村面貌。先后荣获“全国环境优美镇”、“浙江省生态镇”、“浙江省文明镇”等荣誉称号。但大陈镇河道整治等防洪工程建设滞后于经济建设的快速发展。大陈江整治前，河道淤积严重，行洪能力不足。加之该镇外来人口多达4.2万，占总人口的52.5%，人口流动性大、素质参差不齐，导致河岸垃圾堆积，河道存在脏、乱、差现象，见图6-1。整治前，河岸有枫杨及部分草本植物，物种单一，河道景观与周边村镇环境极不协调。

随着城镇建设和社会经济的发展，义乌市对河道的行洪排涝能力、河道水质、河流景观、生态服务功能等提出了新的、更高的要求。2005年对大陈江河道（大陈镇政府附近）进行综合整治，并完成了河道清淤、堤防建设，增强了河道行洪、灌溉等基本功能，改善了河道环境。基于生态城镇建设对河道生态环境的要求，在河道堤防建设中，仅在常水位以下，堤脚采取浆砌块石防护，其上采用砌石挡墙，常水位至设计洪水位的坡面部分铺设预制六边形混凝土砌块防护，设计洪水位以上裸露。在此基础上，2006年采取植物措施进行堤防护坡，保留原有植物和六边形预制混凝土砌块，以尽快恢复河道植被，保持河道的近自然形态。

图6-1 大陈江整治前状况（邵志平 摄）

大陈江植物措施实施河段位于义乌市大陈镇团结村，见图6-2。实施长度1400m，堤顶高程60.86m，河底高程56.48m左右，边坡1：1.75~1：2，坡面长度5~10m，平均约7m，常水位57.33m，10年一遇设计洪水位59.69m。

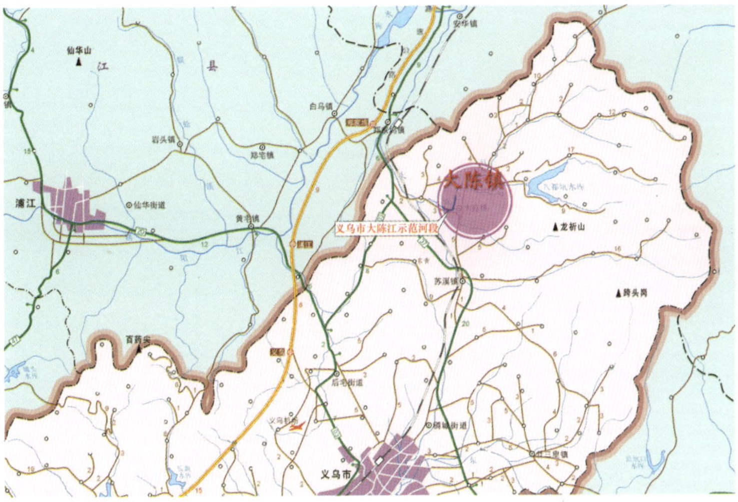

图6-2 义乌市大陈江示范河道位置图

（2）植物措施应用方案设计。首先选择适于种植的植物种类和种植方法；预计种植效果；最后对其实施效果进行跟踪和评价。

1）适宜植物选择。大陈镇属于亚热带季风气候区，年均气温17.2℃，年均降水量1326mm，年均日照2130h，平均无霜期243天。根据区域自然条件、河道基本功能及特点，结合大陈镇对该段河道生态建设的要求，选择河道植物种类。堤顶选用乐东拟单性木兰、乌桕、浙江柿、垂柳、紫薇、红叶李、紫荆、夹竹桃；设计洪水位以上至堤顶，选用枫香、枫杨、冬青、红枫、杨梅、木芙蓉、小蜡、红花檵木、孝顺竹、夹竹桃、狗牙根、高羊茅；常水位以上、设计洪水位以下，选用的植物有苦楝、枫杨、枫香、红楠、冬青、木芙蓉、木槿、水团花、小蜡、孝顺竹、狗牙根、高羊茅。

2）植物配置方案及群落构建。根据大陈江的立地条件，对配置的模式进行交错布置，形成良好的景观效果，总平面布置见图6-3。

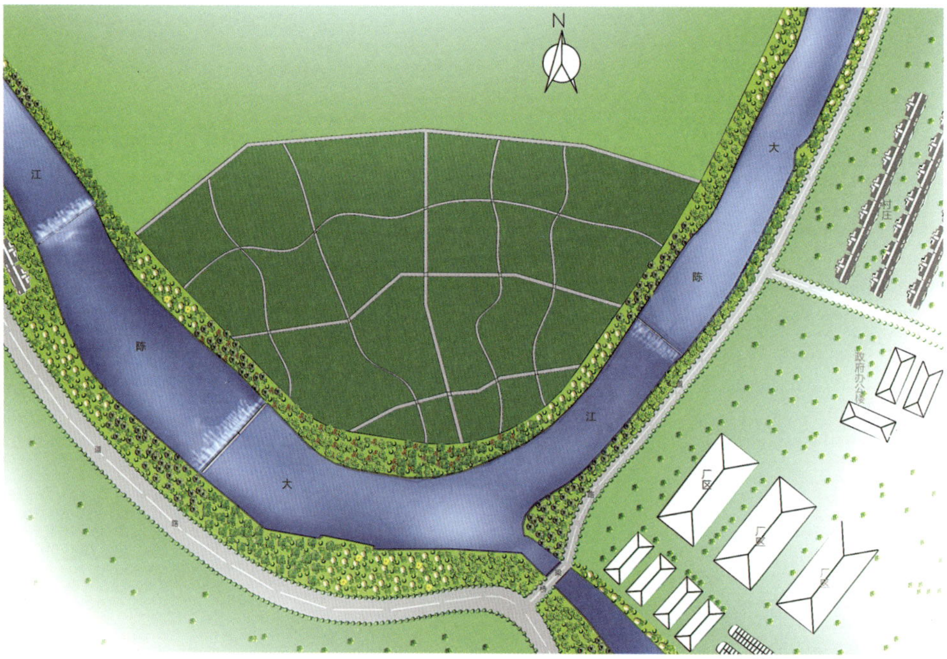

图6-3 大陈江植物总平面布置图

方案一：生态经济型植物群落模式，见图6-4（a）。堤顶种植常绿观赏乔木乐东拟单性木兰和观赏灌木紫薇；设计洪水位至堤顶，种植经济树种杨梅和红花檵木，杨梅和红花檵木成行种植，杨梅株间距3m，红花檵木株间距1m；常水位至设计洪水位，种植苦楝、杨梅、小蜡，靠近设计洪水位线处，苦楝和杨梅株间混交种植，株间距2m，下部种植苦楝，小蜡混栽其间；整个坡面撒播狗牙根草籽。

河道种植观赏植物，可美化河岸。设计洪水位以上种植经济树种杨梅能产生一定的经济收益。堤坡林带树丛疏密相间，乔、灌、草相结合，常绿与落叶相配合，通过植物间的相互作用，有效地增强了堤坡的防护功能，同时可以获得良好的视觉和景观效果，河道建设基本实现了“水清、流畅、岸绿、景美”的总目标，见图6-4（b）。

方案二：乔灌草近自然布置模式，见图6-5（a）。堤顶混交种植乌桕和红叶李，株间距约1.5m；常水位至堤顶，枫杨、枫香、木芙蓉混交种植，乔木株间距2~3m，木芙蓉不规则种植

(a)

(b)

图6-4 植物群落示意图（方案一）

(a) 植物群落平面布置示意图；(b) 植物群落剖面示意图

于乔木之间，下部稍密；整个坡面撒播狗牙根草籽。

乌桕、枫香等变色树种能产生明显的季相变化，可改善河道景观，枫杨、木芙蓉等植物可发挥较好的水土保持作用，同时可美化河道岸坡，改善河流景观，见图6-5（b）。

方案三：乔灌草结合景观植物群落模式，见图6-6（a）。堤顶种植浙江柿和紫荆；设计洪水位以上至堤顶，种植冬青、红枫；设计洪水位以下至常水位，种植红楠、冬青、木槿、水团花，红楠、冬青成行种植于近设计洪水位坡面，株间混交，株间距为2m，中部木槿不规则种植，下部不规则种植水团花；整个坡面撒播高羊茅草籽。

河道堤顶种植观赏植物，可改善道路沿线景观。岸坡采用乔灌草配置模式，并搭配一些观赏植物如红枫、木槿等，起到保土固坡和美化岸坡的作用，有效改善河流景观，改善周边村庄

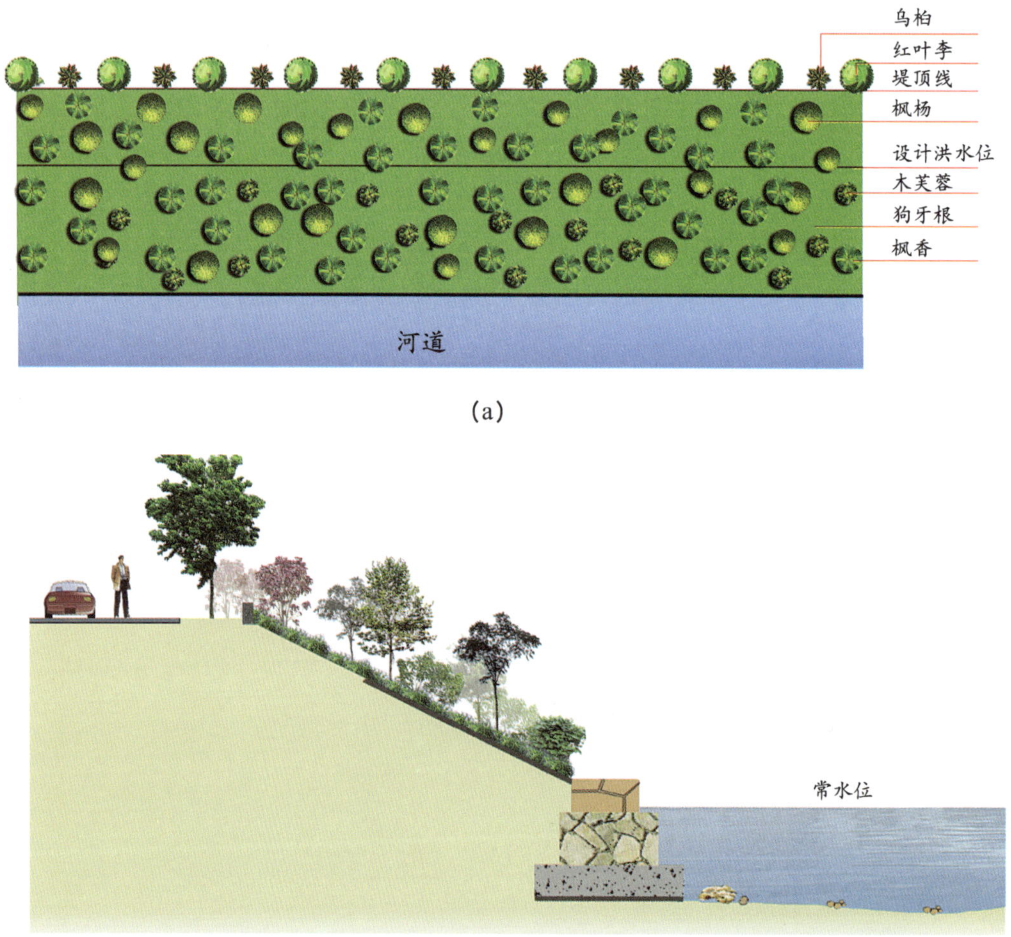

图6-5 植物群落示意图（方案二）

(a) 植物群落平面布置示意图；(b) 植物群落剖面示意图

人居环境，见图6-6（b）。

(3) 植物措施应用效果。植物措施实施后，乔灌木生长良好，植被覆盖度提高，河道景观改善。附近的现代化村庄、自然弯曲的河流，与远处的青山相映，呈现出山清水秀的美丽景观，见图6-7。

通过河堤植物措施应用局部定位观察发现，植物措施实施后，植物生长情况及其作用都随着时间的推移发生明显的变化。植物种植1年之后与刚种植相比，乔灌木生长茂盛，植被覆盖度高达90%以上，植被护坡能力显著增强，坡面基本无水土流失。合理的乔灌草空间结构组合和色调的合理搭配，既起到了固土护坡作用，又营造了协调、多样、悦人的河流景观，见图6-8。

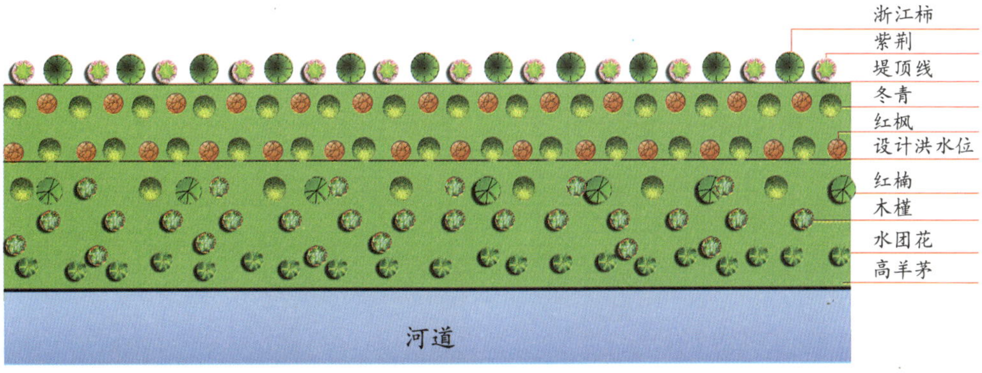

(a)

(b)

图6-6 植物群落示意图（方案三）

(a) 植物群落平面布置示意图；(b) 植物群落剖面示意图

(a)

图6-7（一） 大陈江植物措施整体效果图

(a) 种植刚结束（王瑞琪 摄）

(b)　(c)

(d)　(e)

图6-7（二） 大陈江植物措施整体效果图

(b) 种植1个月（韩玉玲 摄）；(c) 种植半年（韩玉玲 摄）；
(d) 种植1年（赵聚国 摄）；(e) 种植2年（贾金龙 摄）

6.1.2 永康市酥溪

(1) 概况。酥溪位于浙江省永康市境内，发源于止岭，汇入华溪，干流长26km，流域面积141.6km^2，为县级骨干河道，具有防洪排涝、供水灌溉等基本功能，在浙江省中部低山丘陵区具有典型性和代表性。

植物措施实施河段位于象珠镇山西村，见图6-9。该河段长1500m，河道经过综合整治，上、下游均建有翻板闸门，水位得到控制，相对稳定，堤顶高程47.32~48.14m，河底高程44.79~44.89m，常水位45.90m，在高程46.20m以下设置浆砌石挡墙，挡墙以上边坡坡度约为1：2.5~1：3.0。防洪排涝能力已满足设计要求，但河道生态建设相对滞后，河岸只有稀疏杂

图6-8 大陈江植物措施局部效果图（韩玉玲　摄）

(a)、(c) 种植1月；(b)、(d) 种植1年

草，水土流失严重，景观效果差，不能满足当前社会主义新农村建设的要求，见图6-10。为此，采取植物措施护坡，进行河道生态建设。

(2) 植物措施应用方案设计。永康市属亚热带季风气候区，四季分明，年均降水量为1329mm，年均气温17.5℃，年均无霜期245天，年日均气温0℃以上的天数为358.8天，年均生长期为297天。根据区域自然条件、河道功能和特征，结合周边村庄对河道建设的要求，选用苦楝、乌桕、落羽杉、重阳木、银叶柳、江南桤木、孝顺竹、小叶蚊母树、火棘、金银花、红花檵木、凌霄、小叶扶芳藤、云南黄馨、美人蕉、高羊茅、狗牙根等植物，构建河道植物群落。

河道岸坡土质为砂砾土，土层瘠薄，土质差。为保证植物成活并正常生长，种植前对现有的河道堤坡进行了修整并覆盖客土，以改善河道堤坡土质和植物生境。

（3）应用效果。植物措施实施后，植物成活率较高，河岸景观有所改善，但由于土壤肥力较低，植物长势稍差，早期植被覆盖度较低，见图6-11（a）和图6-11（b）。为了加强河道生态建设植物措施应用试验区的养护，确保研究成果的准确性和真实性，在此设立了植物试验区标志牌。植物种植1年后，岸坡植被郁郁葱葱，乔灌草的合理搭配使河道景观立体感强，植被覆盖度高，见图6-11（c）。植物种植2年后，植被覆盖度达到90%，植物护坡效果良好，坡面基本无水土流失现象，河道景观呈近自然状态，见图6-11（d）。河道“水清、流畅、岸绿、景美”，形成“绿水青山”美丽景观，为附近村民提供了休闲娱乐的场所。

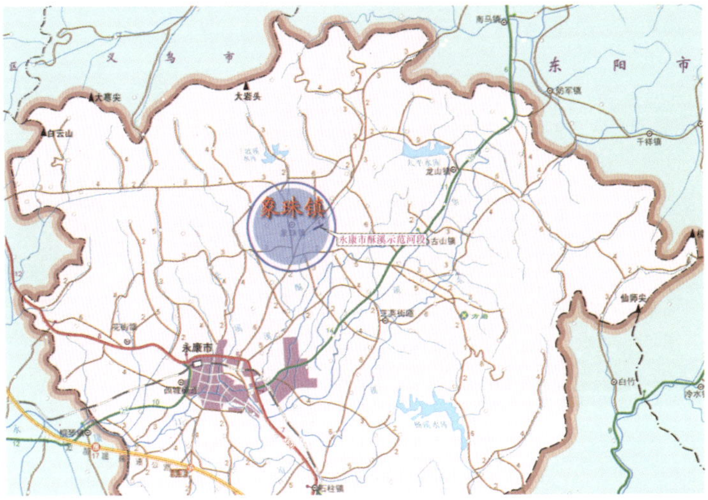

图6-9 永康市酥溪示范河道位置图

图6-10 河岸整治覆盖客土（韩玉玲　摄）

（a）

（b）

图6-11（一） 酥溪植物措施实施效果图

（a）种植1个月（韩玉玲　摄）；（b）种植3个月（赵聚国　摄）

(c)

(d)

图6-11（二） 酥溪植物措施实施效果图

(c) 种植1年（赵聚国　摄）；(d) 种植2年（赵聚国　摄）

6.1.3 山丘区河道植物措施应用的认识与思考

山丘区河道的主要功能为行洪、灌溉，河道坡降大、水流快，堤防迎水坡坡脚通常采取硬质材料防护，不宜配置水生植物。“皮之不存，毛将焉附”，在山丘区河道植物措施的应用中，应以河道堤防或河岸边坡整体稳定为前提条件。植物的固土护坡、保持水土功能及其抗冲能力需要扎稳脚跟后才能发挥出来。刚种植还没有扎根、生长的植物，没有抗冲能力，易被水流冲毁。因此，山丘区河道采用植物措施护坡，在种植初期具有一定的风险性。在水流速度大、冲刷能力强的河道，建议采用工程措施与植物措施相结合的方式进行河道生态建设。如大陈江、酥溪在常水位以下均建有硬质基础（或挡墙），大陈江的部分河段常水位至设计洪水位，采用六边形预制混凝土框格砌块护坡，在框格中栽植植物等。另外，在气候适宜的地区，可以选择在秋季种植植物，待次年洪水来临之际，植物根系已经扎稳、草本植物也已形成坡面覆盖，植物措施已具备一定的固土护坡、保持水土功能。在挡墙附近不宜种植主根粗壮的高大乔木，避免树根钻入挡墙缝隙，生长过快或腐烂后破坏挡墙结构，影响堤防的安全与稳定。

山丘区河岸土层薄、多为砂砾土、肥力低、保水能力差，是应用植物措施进行河道生态建设的不利条件。通过对多条河道采取植物措施护岸、护坡的山丘区河道的调查，采取覆盖客土的方法改善植物生长环境，可有效地提高植物成活率，促进植物正常健康生长。义乌大陈江、永康酥溪、安吉鄣吴溪等河道都采用该方式，为堤岸植物生长创造条件。

上述两个典型案例中，河道两岸堤防都建有硬质基础护脚和河道挡水建筑物（堰坝、翻板闸门），既可方便取水灌溉，调节河道坡降，又能营造河流水域景观。大陈江两岸生长着高大的枫杨林，在满足行洪要求的前提下，尽量保存原有的河岸植物，同时还要考虑植物措施与工程措施相结合，有框格的坡段乔灌木种植在砌块的空格内或移掉1个砌块种植。酥溪经上下游堰坝调节后，坡降较缓、流速较小，挡墙以上岸坡比较平缓，但土层薄且多砾石，坡面只有稀疏野草，所以需要全坡面覆盖客土。实践经验表明，采取植物措施进行河道生态建设要因河段制宜，不同地区、不同河段的立地条件不同，河道建设的要求也不一样。因此，应用植物措施进行河道生态建设，要做到适地适树，切忌照搬照抄。

6.2 平原区河道植物措施应用案例

浙江省平原地区河网密布、河道纵横交错，总长度超过4万km。平原区河道具有水位变化缓慢、变幅较小、流速较慢等特点，一些河道还存在双向流现象。平原区河道的岸坡多为壤土、沙壤土，立地条件较好。但由于平原地区人口密度大、经济发达，对河道的干预因素多且强度大，导致了河床泥沙淤积、行洪排涝不畅、调蓄能力下降、河道水质差，河道生态环境受到了胁迫。

随着社会经济的快速发展和人民生活水平的不断提高，平原地区广大人民群众要求进行河道疏浚清淤整治、改善河道水生态环境、重塑“江南水乡”风貌的呼声日益高涨。为此，结合浙江省开展的“万里清水河道建设”工程，在平原区选择数条河道进行河道生态建设植物措施应用技术研究与示范，主要的试验和示范工程有：海宁市辛江塘和后富亭子港、慈溪市新周家路江、余杭区潘塘港、上虞市担山村河道、平湖市山茶花浜、南浔区新庙前港等。在各地植物措施应用技术研究和示范工程建设的基础上，选择海宁市辛江塘、慈溪市新周家路江和余杭区潘塘港3条河道作为平原区河道植物措施应用的典型案例进行详细分析。

6.2.1 海宁市辛江塘

(1) 概况。辛江塘位于海宁市南部，是该市排涝、灌溉骨干河道“六纵九横”中的六纵之一。西起周王庙镇万兴桥，流经郭店镇、丁桥镇，东至袁花大虹桥，全长22.8km，具有行洪排涝、输水灌溉、水量调蓄、交通航运等综合功能，在浙江省最大的杭嘉湖平原地区具有较好的代表性，见图6-12。

辛江塘所在的海宁市（县级市）位于长江三角洲南翼、浙江省北部、钱塘江北岸，是太湖南排钱塘江的门户，是典型的江南水乡。海宁市是观潮胜地，每年中秋前后，人潮如涌，来自全国的宾客及世界各地的观潮爱好者前来目睹、感受“壮观天下无”的钱江潮。改革开放后，以皮革为支柱产业的工业经济迅猛发展，社会经济状况发生了巨大变化，“中国皮革城”吸引着全国各地商贾，络绎不绝地前来参观、采购，为海宁市带来旺盛的人气和财气。然而，河道建设滞后于经济建设的快速发展，辛江塘于2004年开始进行河道疏浚清淤整治。整治前，河岸植物稀疏、品种单一，部分岸坡被附近居民开垦种菜，加之降水侵蚀和船行波冲刷，导致岸坡水土流失、河岸坍塌，造成河床严重淤积，河道功能减弱，见图6-13。由于上游太湖来水水质较差，加之本地污染，致使辛江塘水质逐年下降，河道景观、水环境状况日益恶化。为此，海宁市在进行疏浚整治的基础上，采用植物措施护岸，经过连续3年的综合治理，河道面貌焕然一新，河道基本功能得到恢复，河道水生态环境得到改善。

图6-12 海宁市辛江塘示范河道位置图

图6-13 辛江塘清淤现场

本案例位于辛江塘大李家桥（K16+684）东侧，长度为750m，堤顶高程5.5m，河底高程－0.5m，河道常水位2.8m，设计洪水位4.8m，在2.8m处设置宽1.0m的平台，河岸坡度约为1∶1.75，坡面长度约5.5m。

(2) 植物措施应用方案设计。首先选择适于种植的植物种类和种植方法；预计种植效果；最后对其实施效果进行跟综和评价。

1）适宜植物选择。海宁市属于北亚热带海洋性湿润气候区，气候温和、雨量丰沛、日照充足、四季分明，年平均气温15.9℃，降水量1187mm，日照2002.9h，无霜期233.5天，水文、气象、土壤条件等自然环境适宜多种植物生长。

根据海宁市的实际情况和辛江塘的主导功能，选用具有固土护坡、保持水土、缓冲过滤、水质净化、抗冲能力强，且具有良好观赏价值的植物种类。主要植物种类有榔榆、樟树、池杉、珊瑚朴、构树、苦楝、栾树、紫藤、夹竹桃、孝顺竹、美人蕉、狗牙根、高羊茅、菰、水葱和菖蒲等。

2）植物配置方案及群落构建。根据辛江塘断面形式和河岸的立地条件，设计了5个植物配置模式，交叉布置在河道两岸，以构建健康、稳定的河道植物群落，逐步恢复河道水生态环境和河流健康，见图6-14。现详细介绍其中的3个方案。

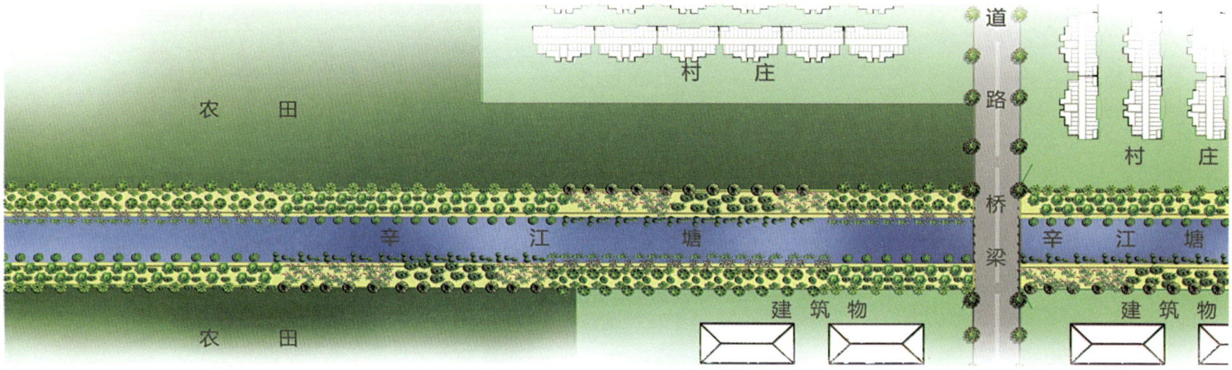

图6-14 辛江塘植物总平面布置图

方案一：岸顶种植常绿乔木樟树，株间距2.5m，地面撒播狗牙根草籽；坡面中部至岸顶，种植栾树、榔榆和夹竹桃，栾树和榔榆株间混交，株行距2m×2m~3m×3m，栾树和榔榆乔木中间种植灌木夹竹桃；坡面中部至常水位种植榔榆，株行距2m×2m~3m×3m，榔榆和夹竹桃株间混交，紫藤种植于近常水位的位置，株间距为2m；常水位以下种植菰，种植宽度为1m，密度为10株/m^2；整个坡面撒播狗牙根种子，种子用量为10kg/hm^2，见图6-15。

该方案乔灌草结合，形成复层植物群落结构，能充分利用岸坡的立体空间。该群落模式有常绿植物（樟树、夹竹桃）和落叶树种（栾树、榔榆），即使在冬季，也可使岸坡绿意盎然，在获得较强生态服务功能的同时，也能获得较好的景观效果。草本植物狗牙根能快速覆盖坡面，对于植物群落初期坡面水土保持具有重要作用。水生植物菰对水体具有良好的净化作用。

方案二：岸顶乔灌草结合，种植乔木垂柳和灌木南天竺，其中垂柳株间距为3m，南天竺种植在乔木之间，地面撒播高羊茅草籽；坡面中部至岸顶，株间混交种植珊瑚朴和孝顺竹，珊

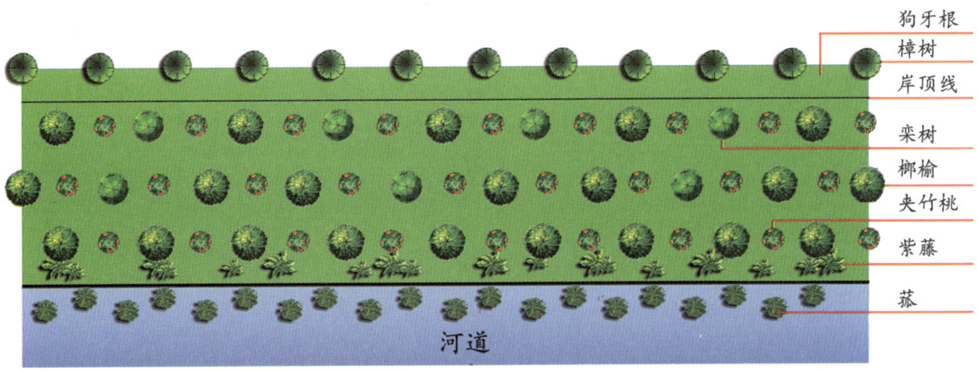

(a)

(b)

图6-15　植物群落示意图（方案一）

(a）植物群落平面布置示意图；（b）植物群落剖面示意图

瑚朴株间距为2.0m，行间距为1.5m，孝顺竹栽植在珊瑚朴之间；坡面中部至常水位种植苦楝、构树、孝顺竹，苦楝和构树株间混交，株行距为3m×2m~3m×3m，苦楝和构树中间种植孝顺竹；常水位以下种植池杉，株间距为2m；整个坡面撒播高羊茅种籽，见图6-16。

岸顶种植的垂柳和南天竺为观赏树种，南天竺秋季以后树叶变红，能形成良好的景观效果。常水位以下种植池杉具有圆锥形树冠，树姿挺拔，与河道水体相映成趣，而且能减轻船行波对河岸的冲刷。坡面撒播高羊茅种籽，能快速对地表进行覆盖，减少坡面水土流失。

方案三：岸顶乔木樟树与灌木黄槐决明相间种植，樟树株间距3m，地面撒播狗牙根草籽；常水位至岸顶种植孝顺竹和美人蕉，块状混交，每块面积大于100m^2，坡面撒播狗牙根草籽；常水位以下种植水生植物水葱和菖蒲，带状混交，带宽1m，水葱种植密度为15~20芽/丛、8丛/m^2，菖蒲种植密度为2~3芽/丛、20丛/m^2，见图6-17。

该方案坡面植物群落模式为灌草结合的近自然植物群落。虽然没有采用乔木树种，但仍具

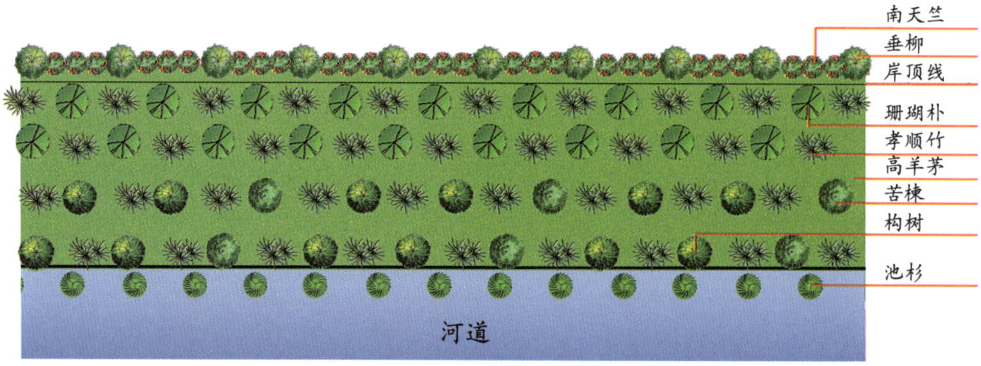

(a)

(b)

图6-16 植物群落示意图（方案二）

(a) 植物群落平面布置示意图；(b) 植物群落剖面示意图

有良好的水土保持效果。孝顺竹具有发达的根系，竹秆丛生，四季青翠，姿态秀美；美人蕉为高大观赏草本植物，其枝叶茂盛，花大色艳，且花期长，两者的合理搭配，不仅具有较强的岸坡水土保持功能，同时提升了河岸植被的景观效果。另外，生长旺盛的草本植物美人蕉、狗牙根和水生植物水葱、菖蒲都具有拦截过滤农田排放的农药、化肥残留物和吸收N、P等有机质的功能，有利于保护水域，改善水生态环境。

(3) 植物措施应用效果。用一组实景图片说明辛江塘植物措施实施后不同时段的整体效果。种植初期，河岸植被覆盖度低，植物措施的作用还不能显现，见图6-18 (a) 。植物种植1年后，乔灌草生长良好，植被覆盖度逐渐提高，植物措施的作用较明显，见图6-18 (b) 。随着时间的推移，一年半和2年之后，河道两岸绿意浓浓，河流景观发生明显变化，基本实现了采用植物措施进行河道生态建设的预期目标，见图6-18 (c) 和图6-18 (d) 。

通过连续观测植被盖度及植物措施的固土护坡、保持水土效果，进一步验证植物措施在河道生态建设中发挥的重要作用。河道植物种植1个月后，乔灌木复苏成活，但覆盖率低，每逢降雨，坡面易受降雨侵蚀，岸坡水土流失明显，见图6-19（a）。种植2~3个月后乔灌木均已成活，树冠较小，但草本植物长势旺盛，植被盖度达到70%~80%，降雨时岸坡基本免遭侵蚀，河岸景观也有所改善，见图6-19（b）和图6-19（c）。跟踪观测调查发现，1年后河道植物生长茂盛，形成乔灌草立体防护，岸坡无裸露区域，植被盖度达95%，岸坡基本无水土流失，并已呈现近自然状态，见图6-19（d）。一年半到2年后，植物措施的效果进一步显现，岸坡植物十分茂盛，河道植被已呈现自然状态，河道景观、河流水质、河岸生境显著改善，见图6-19（e）和图6-19（f）。实践证明，5个植物配置方案都是可行的，能较好地适应平原区河道，可视不同情况选择不同方案或方案组合。

(a)

(b)

图6-17 植物群落示意图（方案三）

(a) 植物群落平面布置示意图；(b) 植物群落剖面示意图

(a) (b)

(c) (d)

图6-18 辛江塘植物措施整体效果图

(a) 植物护岸工程刚竣工（韩玉玲 摄）；(b) 植物种植1年（韩玉玲 摄）；
(c) 植物种植一年半（韩玉玲 摄）；(d) 植物种植2年（赵聚国 摄）

(a) (b)

图6-19（一） 辛江塘植物措施局部效果图

(a) 种植1个月（赵聚国 摄）；(b) 种植2个月（韩玉玲 摄）

(c)

(d)

(e)

(f)

图6-19（二） 辛江塘植物措施局部效果图

(c) 种植3个月（赵聚国 摄）；(d) 种植1年（罗惟 摄）；
(e) 种植一年半（韩玉玲 摄）；(f) 种植2年（罗惟 摄）

6.2.2 慈溪市新周家路江

(1) 概况。新周家路江所在的慈溪市位于钱塘江河口、杭州湾南岸，著名的杭州湾大桥南桥头堡所在地，是我国东南沿海典型的海积、围垦成陆区。河网密布，内陆水域面积61.75km^2。新周家路江所在区域系早期治江围垦形成的土地，土壤、水体已基本上淡化。河道沿线为现代化生态农业示范区，每年均有来自全国各地的领导、专家、宾客到生态农业示范区考察、参观、学习。

新周家路江为县级以下平原区河道。其主要功能是排涝、灌溉和环境改善，在宁绍平原区河道中具有代表性。植物措施实施河段位于沈武村现代农业示范园区，长度为900m，岸顶高程5.5~5.7m，河底高程1.5m，常水位3.8m，坡度为1：2.9，岸顶为道路，见图6-20。河道整治前河岸有稀疏草本植物，坡面受到不同程度的侵蚀，岸坡裸露侵蚀沟明显，水质差，水面出现大量绿藻，见图6-21。河道水环境现状不能满足慈溪市社会经济发展的要求，与生态农业示范区的环境极不协调，为此，慈溪市迫切要求进行河道生态治理。

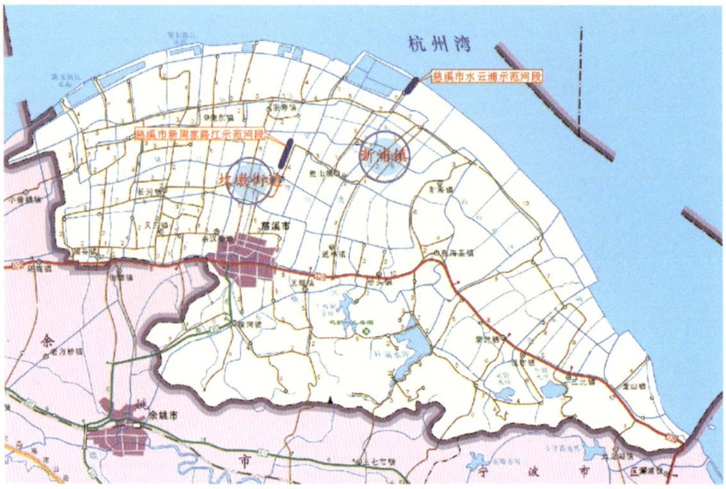

图6-20 新周家路江地理位置图

(2) 植物措施应用方案设计。首先选择适于种植的植物种类和种植方法；预计种植效果；最后对其实施效果进行跟踪和评价。

1）适宜植物种类选择。慈溪市地势平坦，年平均气温16℃，平均降水量1273mm，无霜期257天，四季分明。河岸土壤为壤土，肥力适中，适宜多种植物生长。根据当地气候特点、河道功能与立地条件以及现代农业园区对景观的要求，选用垂柳、意杨、女贞、木麻黄、杜英、乐昌含笑、夹竹桃、木槿、紫薇、小叶女贞、狗牙根、菰、水葱、慈姑和菖蒲等植物。

图6-21 新周家路江治理前状况（赵聚国　摄）

2）植物配置方案及群落构建。根据新周家路江岸坡的立地条件，设计了6种方案，本节仅就其中的3个方案进行详细介绍，总平面布置见图6-22。

方案一：该方案采用了意杨、垂柳、夹竹桃、狗牙根、菰5种植物。岸顶种植意杨、夹竹桃，意杨成行种植，株间距为4m，行间距为2.0m，夹竹桃不规则种植，株间距为1.5~2m，地面撒播狗牙根种籽；常水位至岸顶，种植垂柳、夹竹桃，垂柳成行种植，株间距为4m，行间距为2.0m，夹竹桃随机布置，株间距为1~1.5m；坡面撒播狗牙根种籽；常水位以下，带状种植水质净化植物菰，带宽1m，密度为10株/m^2，见图6-23。

该河道两侧岸顶旁边为道路，近路侧种植意杨和夹竹桃，不仅可以降低路尘，吸附废气，

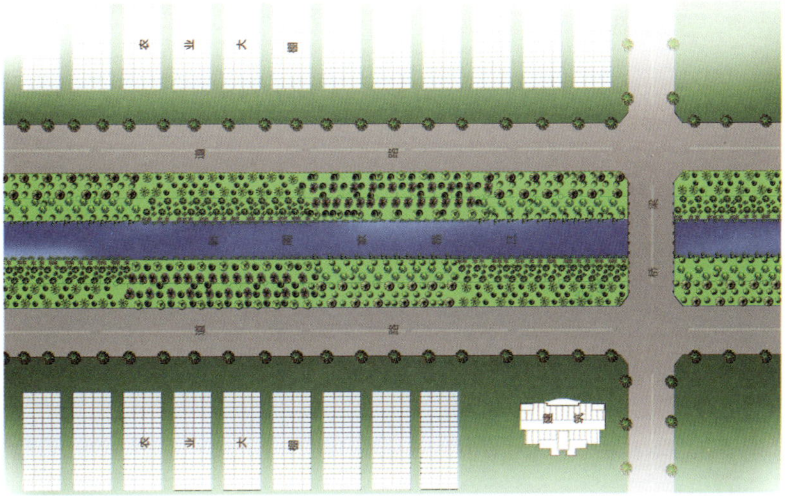

图6-22 新周家路江植物总平面布置图

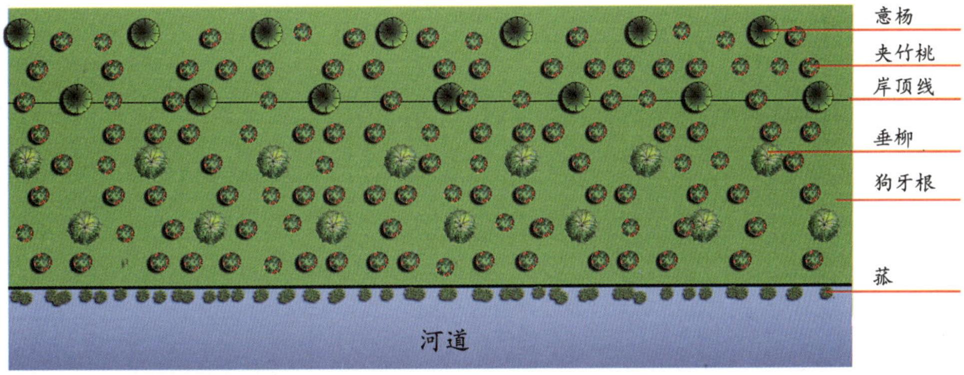

(a)

(b)

图6-23 植物群落示意图（方案一）

(a) 植物群落平面布置示意图；(b) 植物群落剖面示意图

而且还营建了河岸植被景观；岸坡种植的垂柳和夹竹桃等具有发达的根系，纵横交错地分布在土体中，固土护坡能力强；草本植物狗牙根根系发达，生长较快，在乔灌植物群落郁闭前能有效地防止坡面土壤侵蚀。水生植物菰以及附着的微生物能吸收、吸附、降解水中营养物质和重金属等有毒有害物质，有利于净化河道水质，改善河流水环境。

方案二：该方案选用木麻黄、女贞、木槿、小叶女贞、狗牙根和菖蒲，共计6种植物。岸顶种植木麻黄、小叶女贞，木麻黄成行种植，株行距为3m×2m，小叶女贞不规则种植在木麻黄行间和株间，地面撒播狗牙根草籽；常水位以上至岸顶，种植女贞、木槿，女贞成行种植，株行距2m×2m~3m×2m，下部适当加密，而木槿采用随机种植，狗牙根草籽均匀撒播在坡面上，从整体看，木麻黄和女贞成带状混交；常水位以下带状种植菖蒲，带宽1m，密度为10株/m^2，见图6-24。

该群落中女贞、木槿和小叶女贞均为观赏植物，可形成优美的河岸景观，水生植物菖蒲具

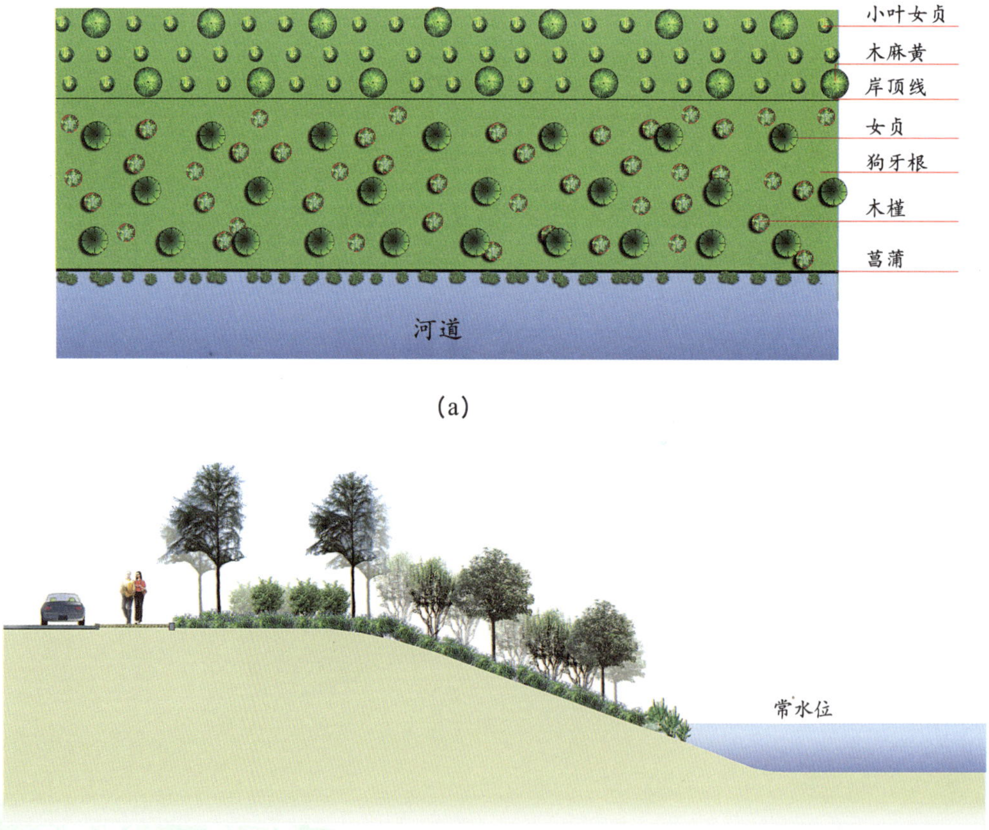

(a)

(b)

图6-24 植物群落示意图（方案二）

(a) 植物群落平面布置示意图；(b) 植物群落剖面示意图

有改善水质的功能。木麻黄是常绿树种，具较强的水土保持功能，与狗牙根等植物一起发挥固岸护坡作用。虽说木麻黄耐寒性较弱，但2008年初发生在全国范围的特大冰雪灾害并没有对该群落造成大的危害。为慎重起见，在浙江省北部平原地区不宜采用该树种。

方案三：该方案选用乐昌含笑、杜英、紫薇、高羊茅、水葱等5种植物。在河道岸顶和岸坡上采用随机方式布置植物，观赏植物紫薇点缀在群落中间，常水位以上撒播高羊茅种籽；常水位以下沿水边带状种植水葱，带宽1m，种植密度为15~20芽/丛、8~12丛/m^2，见图6-25。

该植物群落模式，岸顶及岸坡植物采用近自然的布置方式，可获得良好的自然效果，见图6-25（b）。由于该河段位于现代生态农业示范区，点缀一些观赏植物，如紫薇，在植物开花季节可形成良好的视觉效果。常水位以下种植水生植物，可起到净化水质，改善水面景观，为水生动物创造栖息环境等一举多得的效果。

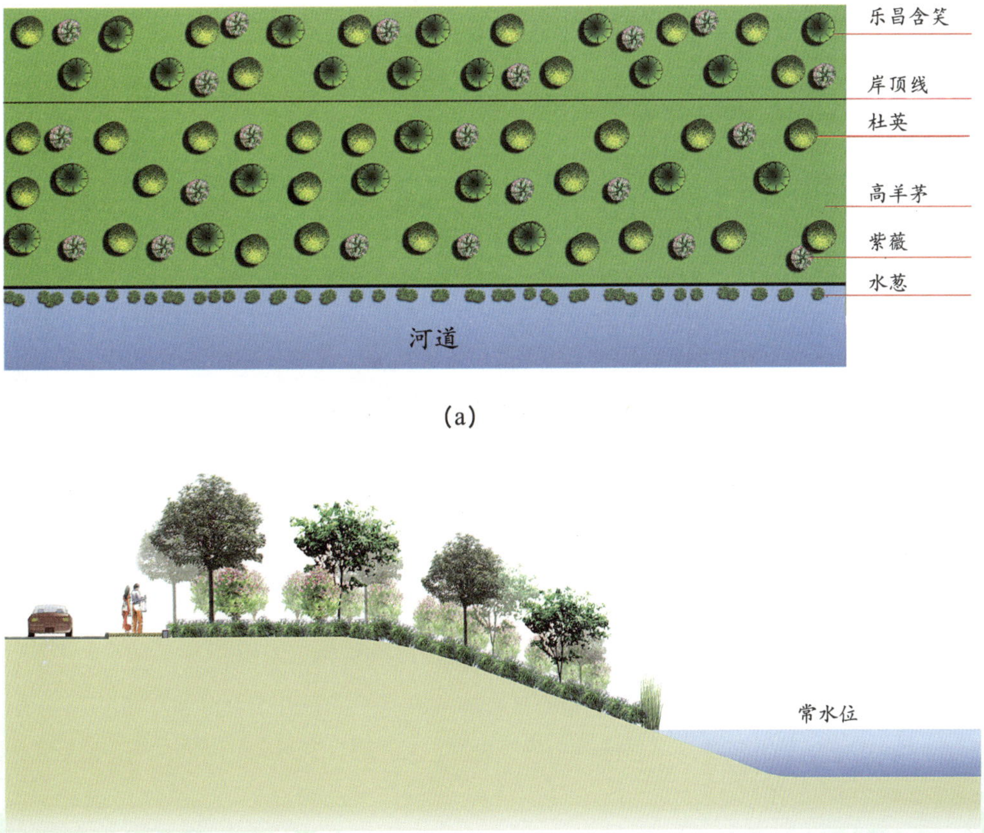

图6-25 植物群落示意图（方案三）

(a) 植物群落平面布置示意图；(b) 植物群落剖面示意图

(3) 植物措施实施结果。新周家路江河岸立地条件较好，采取植物措施对河道进行生态建设，植物生长良好，植被覆盖度迅速提高，植物种植刚结束与种植3个月后对比，河道两岸即显一派生机，见图6-26（a）和图6-26（b）。随着时间的推移，河道两岸植物郁郁葱葱，河道水质、生境不断改善，绿藻消失，见图6-26（c）；生物多样性也逐渐丰富，野鸭、白鹭等水禽也重新来到河边觅食、繁衍。2年后，河道已呈近自然状态，重现了水清、岸绿、景美的河道景观，为周边生态农业示范园区增添了一道亮丽的风景，见图6-26（d）。

(a) (b) (c) (d)

图6-26 新周家路江植物措施整体效果图

(a) 种植刚结束（孙建锁 摄）；(b) 种植3个月（孙建锁 摄）；
(c) 种植一年半（韩玉玲 摄于秋季）；(d) 种植2年（孙建锁 摄）

植物措施应用的各不同时段的植物生长状况、植被覆盖度、河道水质及河流景观等都有较大的差异。随着时间的推移，植物生长越来越茂盛，植被覆盖度越来越高，植物生态功能越来越强，河道景观越来越自然、和谐，实现了半年初见成效，1年基本成型，2年效果显著的预期目标，见图6-27。

(a)

(b)

(c)

(d)

(e)

(f)

图6-27 新周家路江植物措施局部效果

(a) 种植刚结束（孙建锁 摄）；(b) 种植1个月（孙建锁 摄）；
(c) 种植3个月（岳春雷 摄）；(d) 种植5个月（孙建锁 摄）；
(e) 种植半年（赵聚国 摄于秋季）；(f) 种植1年（赵聚国 摄）

6.2.3 余杭区潘塘港

“水清、流畅、岸绿、景美”是浙江省开展“万里清水河道建设”提出的四大目标。其中“水清”、“岸绿”、“景美”目标的实现，均与植物措施的应用密切相关。

(a)

(b)

图6-28 浙江省河道“岸绿”工程

(a)“岸绿”工程推广仪式会场（韩玉玲 摄）；(b)“岸绿”工程奥运冠军植树基地（刘伯良 摄）

为推动“建万里清水河道，造绿色生态长廊”工程的全面实施，使河道“岸绿”工作深入人心，得到全社会的理解、支持和广泛参与，浙江省绿化委员会、浙江省水利厅、浙江省林业厅会同共青团浙江省委、浙江省体育局等单位于2007年3月植树节期间，在余杭区良渚镇西塘河村潘塘港冒雨举行浙江省清水河道“岸绿”工程推广仪式，省内知名度高、影响大的奥运冠军也参加了“岸绿”工程植树活动，在植树河岸命名“奥运冠军林”，见图6-28。

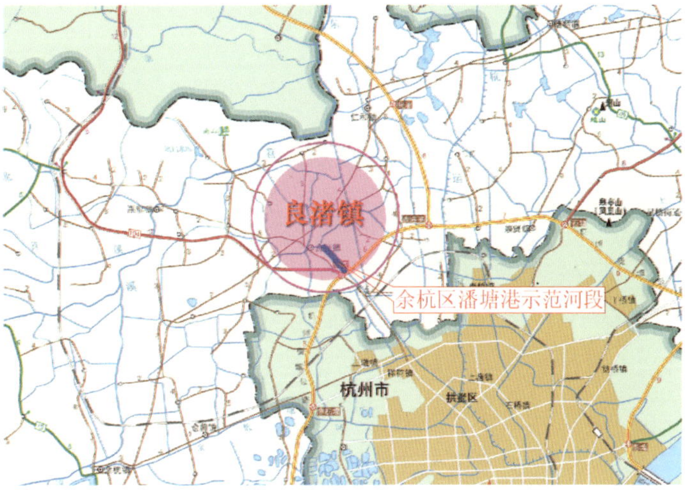

图6-29 余杭区潘塘港示范河道位置图

潘塘港位于良渚文化的发祥地——杭州市余杭区良渚镇，为县级河道，见图6-29。植物措施实施河段位于西塘河村，长1500m。2006年进行河道综合整治，常水位以下堤防进行砌石加固，常水位以上进行植物措施护坡。植物措施实施前，坡面上仅分布着少量自然生长的草本植物群落，水土保持能力低。为此，利用“岸绿”示范工程建设的良好契机，采取植物措施进行堤防护坡，以增强坡面保护，恢复河道生态功能，改善人居环境，提升村镇品位。植物种植后生长良好，植被盖度逐步提高，河流景观明显改善，见图6-30。

(a)　　　　(b)

图6-30　潘塘港植物措施应用实景图（刘柏良　摄）

(a) 种植3个月；(b) 种植1年

6.2.4 平原区河道植物措施应用的认识与思考

平原河网两岸立地条件较好，有利于植物生长。但植物的生长具有明显的季节性，不同季节种植，对种植养护的要求、植物的成活率、早期生长状况都有明显的差别。多数植物适宜在春季、秋季种植。另外，水生植物或种植在水中的植物，如池杉，需要在河道水位较低时才能种植。海宁市辛江塘当年就错过了低水位季节，部分河段的水生植物无法在当年与常水位以上坡面植物同步种植。

村庄河段配置植物时，应适当考虑村民的生产、生活习惯和喜好，尽量种植具有较高经济价值的生态经济型植物，以便日后承包给当地农民养护，节约工程运行养护费用。

本章列举的3个平原区河道案例均具有水质差、土质好、水流缓、周边人类活动频繁等共性，配置的植物除满足固土护坡、净化水体改善水质功能强的要求外，还应具有美化环境的功能。就3个典型案例而言，也各具特色：海宁市辛江塘既是排涝、灌溉骨干河道，又是交通航运河道，因此，配置的植物不仅要考虑河道岸坡上部的固土护坡要求，还要考虑岸坡下部防止船行波淘刷和水流冲刷的要求，且不能种植浮水植物，以免随船行波到处漂浮，影响航运安全；慈溪市新周家路江水质差、水流缓，周边是生态农业示范园区，要求配置净化水体能力强的植物和景观效果好的植物；余杭区潘塘港靠近市区，周边村镇密集，房地产开发项目多，植物配置不仅要考虑河道行洪排涝功能，还要考虑河道的生态服务功能和景观效果。总之，在人口集聚的河段配置植物，在满足基本功能的同时，要十分注重美化环境、改善河流景观的需要。在植物种类的搭配中，尽量做到四季常绿、四季有花，实现“步移景异”的视觉效果，达到愉悦身心、陶冶情操、改善周围居民生活环境、提高生活质量的目的。

6.3 沿海区河道植物措施应用案例

我国东南沿海人多地少，土地资源成为制约经济发展的瓶颈。同时，沿海及入海河口地区蕴藏着丰富的滩涂资源，为此沿海各地一直坚持不懈地开发滩涂后备土地资源，并取得了骄人的成绩。例如，上海市金山区和浙江省慈溪市的滨海平原等，作为我国沿海的重要集镇和工业区、国家石油储备基地、铁矿石储运基地、港口码头等，不少重要基础设施都建设在围垦土地上。从南到北，围垦工程遍布香港、广东、广西、福建、浙江、上海、江苏、山东、河北、天津等我国沿海大部分省（自治区、直辖市、特别行政区），每年新增围垦面积相当可观，仅浙江省每年围垦滩涂面积达6667hm^2。按照12%水面率的要求，浙江省围区每年新增河道水域约800hm^2；按平均宽度50m计，新增河道长度约160km。新围垦区的河道既具有一般平原区河道的水文、水力学特征，又具有沿海滩涂特有的气象和土壤理化特征。河岸土壤是来自滩涂的盐碱砂性土；河岸坡陡，保水、保肥能力低，土壤瘠薄，上部易干旱，下部接近水面易受涝渍胁迫；夏秋季节多暴风雨，河岸上部易受径流冲刷、下部则受波浪淘刷。在自然状态下，几年之内河岸坡面都处于裸露状态，仅部分区域的河岸能形成以草本为主的植物群落。为了改善新围垦区河道的生态环境，美化河流景观，为围垦区社会经济发展创造良好的自然环境，在慈溪市水云浦、半掘浦围垦区河道进行了植物措施应用的探索和实践，取得了较好的效果，本节以慈溪市水云浦河道的植物措施应用为典型案例，进行详细的介绍。

6.3.1 概况

水云浦河道位于慈溪市北部徐家浦两侧围涂工程的围区内，见图6-9。该围区成陆于2005年，为新围垦区河道，河道与外侧的杭州湾及内侧前期围垦区域之间均建有排涝闸，河道水位相对稳定。

水云浦河道是慈溪市排涝骨干河道，河岸顶高程5.5m，河底高程-0.87m，常水位1.83m，在高程2.03m以下设置高度为1.7m的浆砌石挡墙，挡墙以上边坡坡度约为1：3，见图6-31。由于成陆时间较短，河岸土壤含盐量较高，约为5‰，现状河岸几乎无植物生长，河岸裸露，受降雨、风浪等自然因素的影响，容易造成严重的水土流失。为加快新围垦土地的开发利用，改善围垦区河道水生态环境，尝试采用植物措施进行水云浦河道岸坡防护具有特别重要的现实意义。

图6-31 种植前河道状况（赵聚国　摄）

6.3.2 植物措施应用方案设计

(1) 适宜植物选择。根据沿海新围垦区河道的特点，选用具有耐盐、耐瘠薄的植物种类。选取的树种有木麻黄、绒毛白蜡、女贞、旱柳、中山杉、柽柳、海滨木槿、海桐、桑树等，草本植物有狗牙根、紫花苜蓿。

(2) 植物配置方案设计及群落构建。根据围垦区河道的特点和围垦区生态建设的实际需要，对水云浦河道的生态改造设计了5个植物群落，分别布置在水云浦河道两岸，以期与附近的海塘、排涝闸等工程形成完整、协调的区域景观，总平面布置见图6-32。以下介绍了其中的

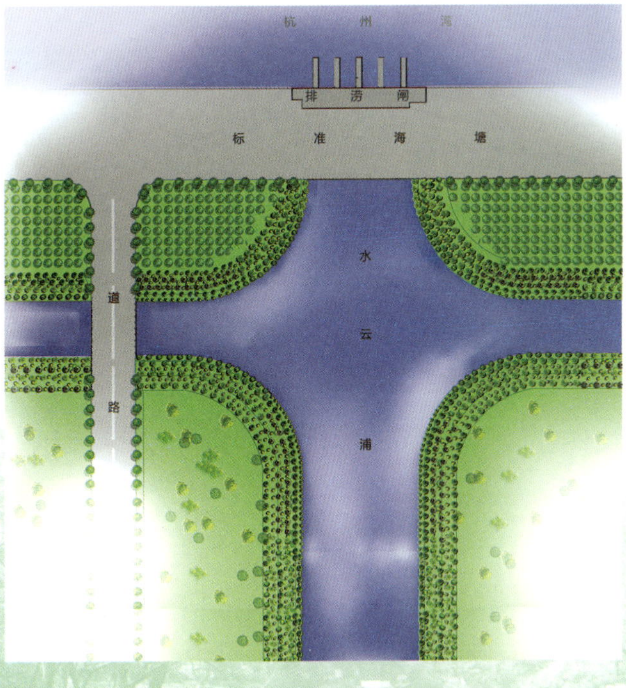

图6-32 水云浦植物总平面布置图

3个主要方案。

方案一：岸顶种植女贞、栾树、柽柳，女贞和栾树行间混交，株行距为2m×2m，柽柳随机种植于乔木之间，株距通常为1~1.5m；常水位以上至岸顶种植栾树、女贞、柽柳、海滨木槿，栾树和女贞成行种植，栾树在坡上部，女贞在坡下部，株行距为2m×2m，栾树与柽柳株间混交，海滨木槿成行种植在坡的最下部，株距为2m；岸坡及岸顶地面撒播狗牙根草籽，见图6-33。

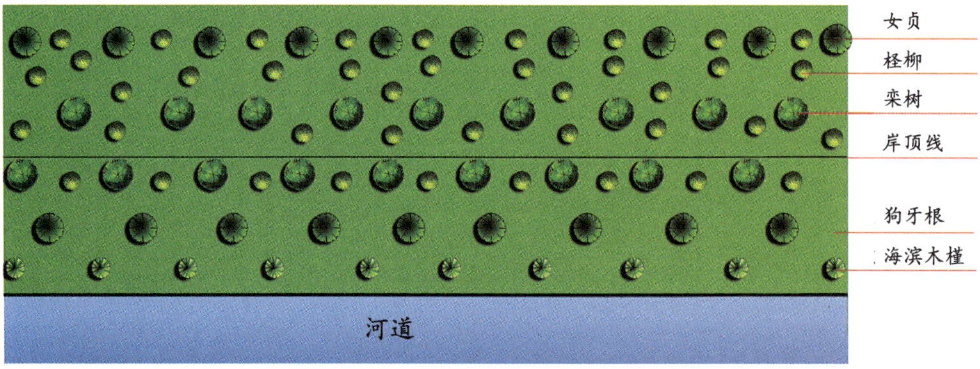

(a)

(b)

图6-33 植物群落示意图（方案一）

(a) 植物群落平面布置示意图；(b) 植物群落剖面示意图

针对沿海区河道岸顶及岸坡植被难以形成及正常生长的实际，与内陆平原区河道相比，应适当增加岸顶种植范围，加大种植密度。通过高大乔木与低矮灌木、常绿植物与落叶植物合理搭配，使得河道景观错落有致，呈现出丰富的季相变化，让人获得美好的视觉感受。采取乔灌草植物混交，使河道两岸植被覆盖度提高，同时，由于植物具有发达根系且分布于不同土层内，可显著提高堤岸的稳定性和抗冲性。草本植物狗牙根能够提高地表覆盖率，有效防止地表水土流失，增强水土保持能力。

方案二：岸顶种植木麻黄、柽柳、紫花苜蓿，木麻黄成行种植，株行距为2m×2m，柽柳随机种植于木麻黄株行间；常水位至岸顶种植木麻黄、中山杉、柽柳、紫花苜蓿，木麻黄和中山杉株间混交，行间距为3m，柽柳随机种植；岸顶和坡面撒播紫花苜蓿草籽，见图6-34。

木麻黄、中山杉为常绿植物，树冠十分紧凑，树形优美，能够有效塑造优美的生态景观。柽柳为耐盐碱灌木，根系发达；紫花苜蓿为豆科植物，能够通过根瘤固氮，有效改善土质和土壤结构；通过乔灌草结合及不同树种混栽形成的立体网络结构能够有效抗海风危害，保持岸坡稳定性，防止水土流失。

方案三：岸顶种植绒毛白蜡和海桐，绒毛白蜡成行规则种植，株行距为2m×3m，行间种

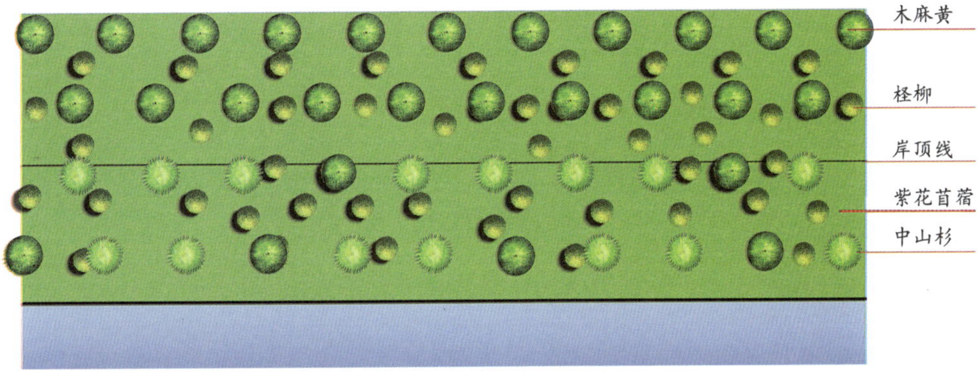

(a)

(b)

图6-34　植物群落示意图（方案二）

(a) 植物群落平面布置示意图；(b) 植物群落剖面示意图

植海桐，株间距为2m；常水位以上至岸顶成行种植旱柳、桑树，旱柳种植的坡上部，株间距为2m，桑树种植的坡下部，株间距为1.5m；岸顶和坡面撒播狗牙根草籽，见图6-35。

坡顶种植落叶乔木绒毛白蜡和常绿灌木海桐，塑造出生动的河岸植被景观，坡面上种植根

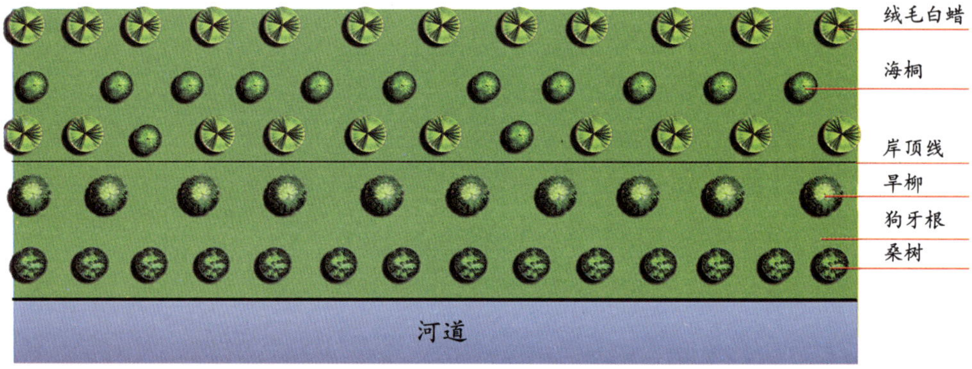

(a)

(b)

图6-35 植物群落示意图（方案三）

(a) 植物群落平面布置示意图；(b) 植物群落剖面示意图

系发达的旱柳和桑树能够保持岸坡稳定性，通过在堤顶和坡面撒播狗牙根草籽能够提高地表覆盖率，减少水土流失。

6.3.3 植物措施应用效果

用一组典型案例的实景照片，说明沿海围垦河道植物措施应用效果。种植3个月乔灌木大多成活，草本植物生长良好，与种植刚结束相比，岸坡植被覆盖度明显提高，植物固土护

坡、保持水土能力增强，河道生态景观有所改善，见图6-36（a）和图6-36（b）。种植1年后，部分植物长势良好，岸坡植被覆盖度超过80%，坡面植被能有效防止水土流失，河道生态景观明显改善，见图6-36（c）。植物种植2年后，植物生长旺盛，基本形成岸坡立体防护，见图6-36（d）。

经过2年多的实践探索，筛选出一些耐盐性良好的植物，如木麻黄、夹竹桃、柽柳、海桐等。河道坡面在植被防护下，水土保持能力增强，已基本无水土流失现象，河道生态景观显著改善。

(a)　(b)　(c)　(d)

图6-36 慈溪市水云浦植物措施实施效果（赵聚国　摄）

（a）种植刚结束；（b）种植3个月；（c）种植1年；（d）种植2年

6.3.4 沿海区河道植物措施应用的认识与思考

沿海区河道岸坡多为砂性土，质地松散，土壤含盐量高，不利于植物生长；沿海区风浪大，河岸易淘刷，树木易倒伏。因此，植物选择和种植时，应充分考虑这些不利因素，以提高植物成活率和保存率。

图6-37 竹竿绑扎固定苗木（赵聚国　摄）

强劲的海风，不仅能吹倒河岸树木，而且能将树木连根拔起，导致河岸坍塌。选择植物种类时，应避免选用树干高、树冠大的乔木，宜选用树冠较小、树干柔软、根系较发达的乔灌木，如木麻黄、柽柳等，以减小迎风面积和风压力，降低倒伏的几率，增强固土能力。同时为防止植物刚种植，在扎根之前被风吹倒，苗木种植后，应用竹竿或木杆绑扎固定，见图6-37。

沿海区河道植物措施宜选用较小的苗木，并带土球。一方面，小苗木树干小而柔软，不易被风吹倒；另一方面，树根小而短，在种植初期能生活在土球中。随着时间的推移，岸坡土壤逐步淡化、植物适应能力也逐步增强，植物成活率会明显提高。

围垦区河岸土壤含盐量较高，且有返盐现象。慈溪市水云浦和半掘浦河道的植物栽植第1年成活状况良好，但因第2年土壤返盐导致部分植物长势减缓甚至出现死亡，见图6-36（b）和图6-36（c），靠近水面的植物死亡较多。针对这一特殊情况，本案例推荐的物种和植物群落，均为优良植物和健康稳定的植物群落，不包括试验中死亡和生长不良的植物。

在新成陆的围垦区，由于土壤含盐量高，植物难以适应、生长，建议待土壤自然淡化一两年后再采取植物措施护岸，以提高植物成活率。也可以先种植具有改良土壤功能的草本植物，如紫花苜蓿、狗牙根等，以改良河岸土壤，提高土壤肥力，增强乔灌植物的成活率和保存率，以达到进一步改善河道生态环境和河流景观的目的。

沿海区河道的生境条件异常复杂，本项目在慈溪市沿海两个邻近的围垦区选择了两条河道进行植物措施应用试验与示范，取得了初步成果，但由于试验范围小、研究时间短，试验研究及成果都具有一定的局限性。为了适应沿海地区河道生态环境建设的需要，迅速改善逐年增加的围垦区河道的生态环境，在沿海河岸土壤盐分迁移规律、土壤改良的辅助技术、提高成活率的相关栽植技术、耐盐植物的筛选与培育、原有试验植物生长的继续观测等方面需要进一步深化研究，完善已取得的研究成果。

6.4 植物措施应用成效

河道既是行洪排涝、供水灌溉的重要通道，又是生态系统的重要组成部分。在整个地球生态系统中，河道是连接陆地生态系统与海洋生态系统的桥梁和纽带。河道植物在河流生态系统中发挥着独特的功能和不可替代的作用。植物为动物提供食物和栖息场所，微生物的生存和发展也与植物密不可分，它们之间有着千丝万缕的相互依存、相互促进和相互制约的复杂关系，有了植物，微生物才会丰富，水体的自净能力才得以维持，水质才能提高，水环境才能得到改善。

以上案例分析表明，采取植物措施进行河道护岸护坡对保持水土、改善水环境、恢复水生态，维持河流健康等具有十分重要的作用。同时，采用植物措施还可有效降低河道建设工程投资，节约工程运行管护费用。

6.4.1 改善水生态环境

采取植物措施进行河道生态建设后，坡面平均土壤侵蚀模数降为300t/（$km^2 \cdot a$），与对照区的1200t/（$km^2 \cdot a$）相比，水土流失明显减少，水土保持效益显著。河道植物的生长繁衍还可大幅度改善土壤理化性状，改善河岸生态环境，更加有利于植物、动物、微生物的生长繁衍。根据对慈溪市、上虞市等河道相对封闭水域的水质检测，2007年12月的COD、BOD_5、NH_4-N、TN和TP等指标，与实施植物措施前河道水质检测结果对比均有不同程度的下降，平均下降幅度分别为31%、38%、65%、67%和33%。由此可见，采用植物措施进行河道护岸护坡，净化水质，改善水环境效果非常明显。

据海宁市辛江塘通航情况观测，植物护岸护坡与“硬化”护岸工程对比消浪效果显著，见图6-38。从图中可看出，船舶在匀速航行的情况下，经过水生植物比较茂密的河段时，船行波基本上不能爬上岸坡，形成的波浪也很小，见图6-38（a）；经过仅有植物护坡而无水生植物的河段，船行波可以爬上岸坡，并在水面附近形成较大的漩涡，见图6-38（b）；在经过浆砌石直立挡墙工程措施护岸的河段，船行波可以超越挡墙顶部，形成高达1m多的波浪，见图6-38（c）。由此可见，植物措施护岸护坡，尤其是在坡脚种植水生植物的消浪效果十分显著。

(a)

(b)

(c)

图6-38 植物措施护岸与"硬化"护岸工程消浪效果对比（韩玉玲 摄）

(a) 植物护岸（水生植物茂密）；(b) 植物护岸（无水生植物）；(c) 浆砌石直立挡墙护岸

河道植物还具有消音除尘、净化空气、增氧降温等改善生态环境的作用。河道植物的多样性为恢复河道生物多样性、维护河流健康奠定了基础，见图6-39。据慈溪市新周家路江观测，目前河道中已出现了白鹭、野鸭等水禽；海宁市后富亭子港示范区也出现了"鸟栖枝头"的可喜景象，见图6-40。

图6-39 生物多样性增加（韩玉玲 摄）

图6-40 河岸"鸟栖枝头"景观（岳春雷 摄）

6.4.2 节约工程投资，减少管护费用

根据试验、示范、推广河道工程建设投资估算分析，采取植物措施护岸护坡与浆砌石等硬化工程措施相比，可较大幅度地节约工程建设投资。在综合考虑河道岸坡长度、配置植物种类等因素的情况下，若岸坡平均长度在7m左右，植物措施比工程措施平均节约工程建设投资60万元/km，山丘区、平原区、沿海区河道平均节约工程投资分别为85万元/km、55万元/km、50万元/km。

另外，植物措施仅在种植后前两年需要适当的管护投入，以确保植物成活，待植物群落生长稳定后，基本不需要管护费用。随着工程运行时间的延长，植物固岸护坡与传统的“硬化”工程措施相比，节约管护费用的效益将更加明显。

6.4.3 美化环境、改善河流景观

河道是人类生活空间的重要组成部分，是人类亲水用水的主要平台。在河道建设中，营造一个良好的河流景观，给人带来视觉享受是极其重要的。应用植物措施进行河道护岸护坡并结合滨水景观建设的需要，构建河道植物群落，可以产生丰富多彩的滨水景观带，沿河而行能实现步移景异的效果，同时也为人们提供了亲水、健身、休闲、娱乐的场所，改善居民的生活环境，提高人们的生活质量，见图6-41。

(a)　(b)

图6-41　河道建设为人们提供亲水、健身、休闲、娱乐的场所

(a) 快乐垂钓（李贺鹏　摄）；(b) 休闲娱乐（吴加宁　摄）

第7章　植物措施应用效益分析

采用植物措施进行河道生态建设所营建的河道岸坡植被，是国家生态环境建设的重要组成部分，起着滨水植物缓冲带、生态绿廊、环境保护屏障等作用，在河道发挥生态服务功能方面具有不可替代的重要作用，发挥着生态效益、经济效益、社会效益等综合效益。本章以水土保持学、生态学和生态经济学等理论为指导，采用市场价值法、影子价格法、生产成本法、机会成本法等多种价值评估方法，对河道岸坡植被带的生态服务功能进行效益评价与分析，定量研究河道生态建设植物措施应用的生态服务价值，以期为河道生态建设规划设计与决策提供理论依据和技术参考。

7.1 生态效益

采用植物措施进行河道护岸护坡，具有生物多样性高、生态效益好、养护费用低、工程建设投入少等特点。其服务功能，是以生态环境保护功能和景观功能为主，兼顾经济效益。生态经济效益是生态系统在物质循环和能量转化过程中体现出来的，可以量化、货币化的效益。从1971年开始，日本就对森林的涵养水源、防止水土流失、保护鸟兽、净化空气等作用进行调查和价值评估；此外，芬兰、美国等国对森林的直接价值和间接价值进行了分析，结果表明美国森林生产的价值和间接作用价值之比为1：9；Daily（1997）首次全面介绍了生态系统服务功能的概念、内涵、价值评估原则、方法和实例研究；Costanza等（1997）在《Nature》发表文章，对全球生态系统服务功能进行了划分和评估，将生态系统服务功能归纳为 17种类型，并按16种生物群系以货币形式进行估算。这些研究在一定程度上奠定了生态效益货币化研究的理论基础。

河道植物措施的生态效益主要体现在固土护坡、改善水环境、提高生物多样性、调节气候等方面。本书以平均坡长5m、长度1000m的河道（两侧岸坡共计1hm^2）为例，对河道植物措施的生态效益进行分析。

7.1.1固土护坡效益

经过人工修整的河岸通常坡陡、土质松散，在雨滴击溅、坡面径流（横向）冲刷、河水纵向冲刷以及风浪、船行波淘刷等外营力作用下，容易产生土壤侵蚀。

图7-1 植物根系固土作用（韩玉玲　摄）

乔灌草结合的植被系统，不论是从林冠层到地被，还是从林下凋落物到盘根错节的植物根系，它们在固土护坡、保持水土方面都发挥着重要作用，见图7-1。植被通过林冠、地被和林下凋落物的截流作用，降低雨滴到达地面的动能，削弱甚至消除产生击溅、面蚀、细沟侵蚀的外营力；地被和林下凋落物吸收、分散、滞缓和过滤坡面径流，减小坡面径流量，减小径流速度，从而削弱坡面径流的侵蚀力；植物根系提高岸坡土壤密度、抗剪强度，增强岸坡抵抗水流冲刷、波浪淘刷能力及岸坡的整体稳定性；植被能够改良土壤，提高土壤的抗蚀能力，从而控制面蚀、沟蚀的进一步发展。

在估算河道岸坡植物的固土护坡价值时，采用影子价格法进行计算，即

$$E_S=A\ (h_0-h_i)\ P \tag{7-1}$$

式中：E_S为河岸植被的固土护坡价值，元/a；A为研究区域面积，hm^2；h_0为无植被的土壤流失厚度，mm/a；h_i为第1类植被土壤流失厚度，mm/a；P为挖取或拦截泥沙的平均费用，元/t。

挖取或拦截1t的泥沙的平均费用是6.5元（1990年价）（周晓峰等，1999），考虑到目前社会经济情况，按疏浚价格20元/t计算。日本林野厅的有关研究数据表明，有林地与无林地的侵蚀差异平均可达30mm/a；依据我国土壤侵蚀的研究成果，有林地与无林地的侵蚀深度差异平均为15~35mm/a，侵蚀模数为203~473m^3/（hm^2·a）。以浙江省为例，由于浙江省生态修复能力较强，河道坡面多年平均侵蚀模数差值较小，取下限203m^3/（hm^2·a），相当于15mm/a。因此，面积为1hm^2有植被保护的河坡固土护坡总价值为

$$E_S=1hm^2\times 15mm/a\times 20元/t=3000元/a$$

7.1.2 涵养水源、净化水质效益

1. 涵养水源价值

涵养水源主要表现在通过对降水、水体的截留、吸收和下渗作用，对水分进行时空再分配，减少超渗产生的径流，增加蓄渗及植物吸收利用的绿水资源（叶碎高等，2008），见图7-2。河岸植被的水源涵养量是动态的，降雨初期，土壤、植被处于相对干燥状态，降雨几乎完全被拦截、吸收、蓄集，处于“初损”阶段，不产生径流；“初损”过后，处于非饱和状态的土壤，具有较强的入渗强度，并能蓄集水分，超过土壤入渗强度的雨水才形成地面径流，处于“超渗产流”阶段；随着降雨的持续，土壤进入饱和状态，水分难以下渗，处于“蓄满产流”阶段。

图7-2 植物护岸涵养水源、净化水质（韩玉玲　摄）

生态系统涵养水分的总量取决于生态系统所在区域的降水量、蒸散量（土壤蒸发和植被蒸腾的总耗水量）和地表径流量。制约蒸散量的主要因素包括：①大气的干燥程度、辐射条件及风力大小；②土壤湿润程度和导水能力所决定的土壤供水状况；③植被状况，包括植物水分输导组织、叶片气孔数量与大小以及群体

结构对湍流交换系数的影响等。地表径流量除了受降水强度和降水量直接影响外，还依赖于植被层、凋落物层、植物根系层、不同经营方式、土壤特性等众多因素。采用植物措施构建的河岸植被带的涵养水源的价值计算，可以借鉴森林生态系统涵养水源价值的计算方法。采用截留法计算森林生态系统的水源涵养价值（肖寒等，2000），再通过影子价格法评估其水源涵养价值为

$$E_W=RAP_i\theta \tag{7-2}$$

式中：E_W为涵养水源总价值，元/a；R为年平均降水量，mm/a；A为研究区域面积，hm^2；P_i为单位蓄水量的库容成本，元/m^3；θ为截流系数，%。

以1988~1991年全国水库建设投资测算，每年新增投资量除以每年新增库容量计算出每建设1m^3库容所需年投入成本费0.67元（1990年不变价）。关于森林蓄水能力，通过以往的试验资料，认为茂密的植被1年中截留的水流为年降水量的25%~30%（侯元兆，1995）；河岸植被带在具有森林生态系统截留特点的同时，还具有其独特性，即在降水期以外，还能通过根系或其他器官等从河道水体中吸收部分水分，从而增加河岸植被带的总体含水量，故此截留系数取30%。以浙江省为例，多年平均降水量为1500mm/a。因此，1hm^2河岸植被每年涵养水源功能价值为

$$E_W=1500\text{mm/a}\times 1\text{hm}^2\times 0.67\text{元/m}^3\times 0.3=3015\text{元/a}$$

2. 净化水质价值

在河道两岸构建植被带，可明显改善和提高河道生态系统的水质。其净化水质的价值主要包括两部分：一是岸坡植被净化其所涵养水分的价值；二是河流水体水质改善的价值。

（1）岸坡植被净化所涵养水源的价值。河道建设中植物措施的净化水质价值（E_p），计算公式和方法同式（7-2），只是P为水的净化费用，元/t。水的净化费用参考王兵等（2008）《森林生态系统服务功能评估规范》的价格为2.09元/t，因此1hm^2河岸植被每年净化水质的价值为

$$E_p=1500\text{mm/a}\times 1\text{hm}^2\times 2.09\text{元/m}^3\times 0.3=9405\text{元/a}$$

（2）河流水体改善的价值。河道岸坡采用植物措施护坡，河岸植物与河流水体构成了一个有机整体，增强了河流生态系统的自净能力，可通过稀释、吸附、过滤、扩散、氧化还原等一系列物理和生物化学反应来净化由径流带入河流的污染物，起到改善水环境的作用。特别是水生植物，它们不仅可以吸收利用水体中的N、P等，而且还为各种微生物提供栖息地。在这些

微生物和植物的共同作用下，水体的BOD_5、COD、NH_4-N等指标都会不同程度地出现好转，因此河岸植被带在河流水质净化方面具有一定的效益，但是基于不同类型河道中水体流动性、污染程度等差异较大，故未进行定量计算。

7.1.3 生物多样性价值评估

图7-3 生物多样性提高（朱勇　摄）

生物多样性是人类赖以生存和发展的基础。生物多样性具有经济、生态、科学研究、美学等多方面的重要价值，也是极其重要的环境资源，见图7-3。同时，在人类生活中不可或缺的娱乐、美学、社会文化、科学教育、精神及历史等方面有不可低估的作用。生物多样性的价值体现在生态系统多样性、物种多样性和遗传多样性3个方面，但由于这些价值的不确定性和估算的复杂性，目前尚无明确的评价标准和方法。国内外主要以整个植被面积为基准，采用方法有物种保护基准价法、支付意愿调查法、收益资本化法、费用效益分析法、直接市场价值法和机会成本法等。

选用生物多样性保育指标作为生物多样性价值（李少宁等，2007），其计算为

$$E_D = AP_i \tag{7-3}$$

式中：E_D为生物多样性的价值，元/a；A为植被面积，hm^2；P_i为单位面积植被生物多样性价值，元/（hm^2·a）。

根据Shannon—Weiner指数计算生物多样性价值（薛达元，1997；中国生物多样性国情研究报告编写组，1998），共分为6个等级：

当指数<1时，P_i为3000元/（hm^2·a）；

当指数1≤指数<2时，P_i为5000元/（hm^2·a）；

当指数2≤指数<3时，P_i为10000元/（hm^2·a）；

当指数3≤指数<4时，P_i为20000元/（hm^2·a）；

当指数4≤指数<5时，P_i为30000元/（hm^2·a）；

当指数≥5时，P_i为40000元/（hm^2·a）。

根据上述内容，结合河道生态建设植物措施应用现状，生物多样性的价值选择10000元/（hm^2·a）计算，因此河道岸坡植被面积为1hm^2的经济价值为10000元/a。

7.1.4 调节气候价值评估

河流植被生态系统是地表与大气之间的绿色调节器，它对大气候及区域性的小气候均有直接或间接的调节作用，包括固碳释氧、降温增雨、净化空气等，从而可以缓冲极端气候对人类的不利影响。

1. 固碳释氧的价值

绿色植物通过光合作用，吸收CO_2，释放O_2。通过这一过程，绿色植物能有效控制大气中CO_2的浓度，减轻温室效应，增加生物生长量。在评价生态系统固定 CO_2 和释放O_2 的功能时，常以生态系统每年的净初级生产量为基础，根据光合作用反应方程式，推算CO_2 固定量和O_2 释放量，即

$$6CO_2+12H_2O \xrightarrow{28kJ\ 太阳能} C_6H_{12}O_6+6O_2+6H_2O \longrightarrow 多糖 \tag{7-4}$$

绿色植物固碳作用所产生的生态功能的服务价值的估算方法很多，主要有温室效应损失法、国际碳税法和造林成本法等。植物释氧功能的价值则通过市场价格法来估算。根据光合作用和呼吸作用的反应方程式推算每形成1g干物质，需要1.62g的CO_2，释放1.2g的O_2。据日本计算，1hm^2落叶阔叶林每年可吸收$CO_2$14t，释放$O_2$10t；常绿阔叶林分别为29t和22t；针叶林分别为22t和16t。我国陆地植被的平均生产力为12.7t/a（欧阳志云等，1999）。计算公式为

$$E_p=ACaP \tag{7-5}$$

式中：E_p为固碳或释氧的经济价值，元/a；A为植被覆盖面积，hm^2；C为植物的生产力，t/a；a为系数，CO_2是1.62，O_2是1.2；P为价格，元/t。

（1）固碳价值。采用中国造林成本（以1t碳计）260.90元（1990不变价）和瑞典税率法（以1t碳计）为150美元。另外，河道生态建设中植物种植初期，植物的生产力相对较弱，因此按10t/a计算。据此计算1hm^2的河岸植被每年固定的CO_2的经济价值为4212元（按照中国造林成本计算）。

（2）释氧价值。采用造林成本法和工业制氧法可估算出各类生态系统释放O_2的价值，采用中国造林成本法（以1t氧计）为352.93元(1990不变价)和氧气工业成本法（以1kg氧计）为0.4元（欧阳志云等，1999和2004）。绿化面积为1hm^2的河段，以造林成本352.93元/t计算，植物释氧的经济价值为4235.16元/a；以工业制氧成本0.4元/kg计算，植物释氧的经济价值为

4800元/a。河岸植被释氧价值取两者均值为4517.58元。

随着时间的变化，以及河岸植被的生长和演替，植物的生产力（碳储量和碳密度）应该会出现明显的上升趋势，因此，其固碳释氧的功能也将增强。

图7-4 植物护坡调节气候（岳春雷 摄）

2. 降温增雨效益

河道植物能营造小气候，降低气温、增加空气湿度、提高降雨量，见图7-4。一个夏季每棵树平均要蒸腾2t水分；植被上空的空气湿度比无植被区高约10%~25%；按每公顷生长旺盛的植被，每年向空中蒸腾8000t水分计算，大约要消耗167×10^{8}kJ热量。

据测算，同一地段植被内比外界低3.1~9.1℃。研究证实有植被区的降雨量要比无植被区平均高17%。在俄罗斯的森林植被区，一般年降水量可增加1%~25%，在印度南部的平原地区，造林使当地的年降水量增加12%（约150mm）。我国的观测证明，植被能使降水量平均增加2%~5%。

3. 净化空气的价值

绿色植物在净化空气方面具有多种功能，它不仅能滞留粉尘、吸收有害气体，还能分解土壤中的有害物质。绿色植物在其耐受范围内能稀释、分解、吸收和固定大气中的SO_2、NO_X（氮氧化物）、Cl_2、HF及某些重金属气体如汞蒸气、铅蒸气等。如女贞对S、F的吸收量可达460~942mg/kg干叶重，白榆为126~1103mg/kg干叶重，夹竹桃为124~989mg/kg干叶重。同时，植物庞大的叶面积、粗糙的杆皮，能吸附灰尘及悬浮微粒，借降水冲刷到地面，净化空气。

植物的杀菌功能也较为突出。据测定，人车繁华而无绿地的环境，空气中含菌量达44050个/m^2，但在有一定绿地的环境中，为24480个/m^2。有些树木如松、杉等能分泌杀菌物，减少空气中细菌。

植物还可增加空气负离子浓度。空气负离子被喻为空气维生素或生长素，是植物保健旅游资源的重要组成部分，它对人体健康和环境改善具有重要的积极作用。空气负离子能清洁空气，促进人的新陈代谢，对人体有保健作用，主要体现在：改善呼吸功能、增强免疫系统功能、降低血压、增强心肌功能、促进血液循环、调节神经系统、使人精神振奋等；另外，负离子对一些疾病有辅助治疗作用。某些植物的叶片呈针状，曲率半径较小，具有尖端放电的功能，在大气电场的作用下，使空气发生电离，增加空气负离子的浓度。此外，绿色植物在光合作用以及短波紫外线的作用下，发生光电效应，也可以增加空气负离子浓度。在河道岸坡构建河岸植被带，可以显著提高空气负离子浓度，所创造的价值相当可观，但是目前的负离子价值估算方法尚不成熟，因此未对其进行具体价值评估。

4. 河道植被调节气候的总价值

根据上述分析，1hm^{2}的河道植被调节气候每年产生的总价值约为8730元。

7.2 经济效益

广义的经济，通常有经济关系、国民经济的部门或总体、经济活动、节约等含义，但经济一词在不同国家、不同历史时期具有不同的含义。西方语言中的经济一词，来源于希腊语Oikonomia，原意是管理家庭。古希腊哲学家亚里士多德在其著作《政治学》中应用了经济一词，寓意“谋生术”，是取得生活所必要，并且对家庭和国家具有使用价值的物品的手段。在古汉语中，周秦之际就出现与经济有关的词句，指的是经国济民、经邦济世，相当于现在的国民经济、国计民生等国家大事。19世纪，日本学者借用古汉语中“经济”这个词，翻译英文的Economy，法文的économie或德文的ikonomie。现代汉语中的“经济”一词，是19世纪后半期，采用日本的译法，含义与西方现代语言中的经济（Economy）相一致，狭义的经济指物质资料的生产、交换、分配、消费等，通常用量化指标表述。河道生态建设是国民经济基础设施建设，是关系国计民生的大事，是广义的经济，但其经济效益是指狭义的、量化的产出效果。

7.2.1 经济效益的类型及计算方法

经济效益（Economic Benefit），指经济活动产生的效果，即活劳动与物化劳动相结合取得的成果，或称为净产出(Net Output)，即

$$经济效益B=产出（有用成果Output）－投入（劳动耗费 Input）$$

或

$$经济效益B=产出（有用成果Output）/投入（劳动耗费 Input）$$

经济效益从不同角度可以分为宏观经济效益和微观经济效益、直接经济效益和间接经济效益、短期经济效益和长期经济效益等不同类型。

宏观经济效益，又称国民经济效益或社会经济效益，是从整个国民经济角度，考察经济活

动引起的社会最终产品的增减，对生态、环境的影响以及对就业、安全等方面的贡献，即经济活动给整个国家带来的好处。而微观经济效益是从个体或企业角度，如从项目的投资者、经营者角度考察的经济效益，即经济活动给投资者、经营者带来的好处。直接经济效益是指项目自身直接产生并得到的经济效益，包括直接产出的增加和直接投入的减少。而间接经济效益是指经济活动导致的自身之外的经济效益。

河道生态建设属于非赢利的、公益性基础设施建设，产生的经济效益是多方面的，包括节省工程投资、节约运行养护费用产生的经济效益、植物及其产出物带来的经济效益，以及难以量化的技术扩散经济效益、生态环境改善产生的经济效益、增进居民身心健康而增加的劳动成果及节省的医疗费用等。多数效益难以被投资者、管理者所独享，宜从国民经济角度全面分析其长期经济效益，即考察其宏观的、长期的直接和间接经济效益。

定量测算工程项目效益的方法多种多样，常用的有等效最优替代方案（措施）法、影子价格法、合理价格法、实际价格法、节省费用法、分摊产值法和减少损失法等。等效最优替代方案（措施）法（Optimal Equivalent Alternative Method），是一种间接计算工程效益的方法，它把等效最优替代方案的费用作为拟建项目的效益。使用该法的关键是选择等效最优方案。河道植物措施在生态服务功能方面具有不可替代的功效，到目前为止还没有真正的等效替代方案。但就河道主导功能而言，可以用硬化的工程措施进行护岸，替代植物措施。节省费用法（Cost Saving Method），把项目建成后，改善原有的生产、运行条件而节省的费用作为该项工程项目的效益，也是一种间接计算方法。植物措施不能节省“原有”的生产、运行费用，但能节省“等效最优替代方案”的建设、运行费用。本书将把上述两种方法相结合，即以节省等效最优替代方案（工程措施）的费用作为植物措施的经济效益。节省的费用包括一次性的工程投资和每年都要发生的运行维护费用。

7.2.2 节省工程建设投资

以工程措施为等效最优替代方案。河道护岸的工程措施包括干砌石护岸、浆砌石护岸、现浇混凝土护岸、混凝土预制板块护岸等多种类型，根据河道及所在地的不同要求选择合适的结构类型。根据选定的工程措施类型和植物配置模式，按照定额标准计算建设投资。

以义乌市某山区河道为例，配置普通植物，替代方案为浆砌石护坡。

(1) 工程措施投资概算。浆砌石厚度约30cm，其下需人工铺筑厚度为20cm的碎石垫层，护坡从坡顶往水面以下延伸1.5m至河底，以防止水流淘刷。工程护岸措施的概算造价包括人工铺筑碎石垫层、浆砌石护坡两项内容。依据水利部水利建筑工程概算定额，根据近期造价信息提供的基础单价和定额规定的人工、材料、机械台班数量，计算人工铺筑碎石垫层的单价为90元/m^3，浆砌块石护坡单价为260元/m^3。若水面以上岸坡平均长度为5m，则单位长度造价为624元/m，每1km河道两侧河坡面积为1hm^2，造价124.8万元/ hm^2。

（2）植物措施投资概算。植物措施概算造价包括栽植带土球的乔木、栽植裸根灌木和撒播草籽等，依据水土保持植物工程概算定额。以普通乔木25元/株、灌木5元/株、草籽50元/kg计，撒播草籽造价为0.61元/ m^2、种植乔木29.31元/株、种植灌木6.24元/株。乔木株行距为3m×2m，灌木株行距为1.5m×1m，则单位面积造价9.045万元/ hm^2。头两年的养护费用由苗木公司承包，按20%种植费用计，植物措施每公顷投资约10.9万元/ hm^2。

（3）节省投资额。堤坡采取工程措施与植物措施防护每公顷投资之差124.8－10.9=113.9（万元/ hm^2），即为植物措施每公顷节省的投资额为113.9万元。计算公式为

$$E_A=\frac{(1+i)^{n}i}{[(1+i)^{n+1}-1]}P \tag{7-6}$$

式中：E_A为节省投资金额，元/a；i为社会折现率，%；n为水利工程的经济寿命，a；P为工程相比具体投资差额，元。

根据《水利建设项目经济评价规范》（SL72—94）规定，河道护坡工程的经济寿命为25年，社会折现率为8%，则每年节省投资额为

$$E_A=\frac{(1+8\%)^{25}\times 8\%}{[(1+8\%)^{25+1}-1]}\times 113.9=9.76\text{万元}$$

投资及其节省额依工程护坡（岸）措施类型变化及植物种类、配置模式、苗木规格的变化而变化。不同类型护坡（岸）工程措施造价相差较大，不同地区之间差异也较大。一般而言，平原河网地区以现浇钢筋混凝土造价为最高，浆砌混凝土预制块护岸最低。山区石料丰富，浆砌石、干砌石相对便宜。植物措施的投资变化范围更大，同种苗木，不同规格价格相差数倍；同一规格的不同苗木，价格相差可达上百倍。一株普通小苗木只需要几元钱甚至几角钱；一株名贵苗木则需数千元。统计数据的差异，在某种程度上也反映了苗木种类和规格的影响。但按照等效最优替代方案的要求，选择普通苗木，起到固土护坡作用即可。

值得注意的是，河道及其环境条件异常复杂，有些堤坡河岸必须采取硬化工程措施才能保证安全泄洪，有些河岸可以单纯采用植物措施，而更多的河岸则需要工程措施与植物措施相结合，建设成为既能满足河道主导功能要求，又具有一定生态服务功能的近自然河道，见图7-5。在这种情况下，工程投资的节省额应计算可替代坡面的投资差额。

图7-5　龙游县罗家溪堤防植物护坡（龙游水利局提供）

7.2.3 节约运行养护费用

工程项目，尤其是公共基础设施项目的运行管理非常重要，所谓“三分建设、七分管理”，如果疏于管理，不论建设得多好，几年之后就可能面目全非，甚至导致整个工程报废，不能正常发挥工程效益。为此，水利部专门出台了一系列工程运行管理维护方面的政策、标准和规范，旨在加强、规范工程管理，持续发挥工程效益。河道及护坡护岸工程不仅受自然因素影响，还受人类活动的影响。运行养护费包括为了维持工程正常运行进行的日常管理、日常维修、大修理等活动所需的费用。为了在项目经济寿命结束后能维持简单再生产能力，需要重置（重新建设）工程项目，在项目正常运行期间，需要计提折旧费。植物措施在种植初期需要简单的管理维护，随着时间的推移，植物群落自稳定能力、生态服务功能不断增强，基本不需要管理维护，不需要大修，更不需要重置。位于丽水市莲都区碧湖平原的通济堰引水渠道，沿岸樟树林立，根系盘纵错结，1500多年过去了，渠道工程至今仍能在千年樟树的防护下正常运行。

假定工程措施与植物措施所需的日常管理、维护费用相等，则大修费用、重置费用就是植物措施节省的运行管护费用。河道护坡、护岸工程的经济寿命为25年，年基本折旧率为3.6%，大修费率为1.5%，即年大修基金与折旧费为工程投资的5.1%。仍以上述义乌河道为例，与浆砌块石护岸相比，采取植物措施则每年可节省大修基金和折旧费为

$$124.8\times（1.5\%+3.6\%）=6.36\text{万元}$$

7.2.4 植物产出价值

植物措施实施后，河岸植被的经济价值主要表现在林木和植被收益两方面。河岸植被不仅为社会提供巨大的无形产品，同时林木实物产品的存在，有其实物价值。随着树木的生长，其林木及植被价值也在增值，它是以自然增值为主，增长速度和大小取决于植被质量、树种和气候条件等。

一般而言，森林资产价值的评估包括两个方面：植被资产价值的评估和林木资产价值的评估。对前者采用土地地价方法求算，按照土地期望价法测算植被地价。本节中不考虑植被价值的评价，只进行植物产出的价值分析。植物产出资产评估主要包括经济果林、防护林等，即通过这些林木产出品的批发、零售等所得的直接经济收益。

(1) 经济果林资产评估。对经济林（竹林、果树等）的评估主要运用年净现值法（王广建，2002；金丽娟和高岚，2004），即

$$E_n=\sum_{i=1}^{n}\frac{(A_i-C_i)}{(1+P)^{n-i+1}} \tag{7-7}$$

式中：E_n为河道岸坡林木资产评估值，元/a；n为经营年限，a；P为利率，%；C_i为第i年的总支出，元；A_i为第i年的总收入，元。

参数P确定：通常来说，利率包含了无风险利率、风险报酬率和通货膨胀率。在森林生态系统服务功能评估中，由于涉及到的成本均为重置成本，即现实物价水平上的成本，其收入与支出的物价是在同一时点上，不存在通货膨胀因素，因此，利率由纯利率和风险率组成。

1）纯利率。纯利率也称经济利率，随资金市场的供需关系而变化。在允许资金自由流动的条件下，经济利率是相对稳定的。近百年来，随着货币资本的积累，经济利率在缓慢地下降。世界上许多国家确定经济利率的方法是将一个稳定的政府发行国债的年利率（风险率为0）扣除当年的通货膨胀率，剩余部分则为经济利率，大约为3.5%。我国政府政策性贷款利率也接近这个水平。

2）风险率。经济林木经营生产的风险主要由造林失败、病虫害、风灾、雪灾、旱灾等自

然灾害及人畜破坏产生。根据营林生产的实际，商品林经营中年风险率一般要超过1%。

所以，一般利率 P 在森林资产评估中，利率定为4%~6%。这里取世界银行的贷款利率6%为P值。

植物措施在河道生态建设中侧重水土保持、环境改善等方面的功能，因此河道岸坡的经济果林的种植面积所占比例相对较低，以正常岸坡植被面积的10%计算，每亩经济果林每年的经济收益以1000元（15000元/hm^2）计算，而每年由于管理花费的成本费用以200元（3000元/hm^2）计算，代入公式可得1hm^2的河岸经济果林的经济价值为1132元/a。

(2) 经济林除外的林木价值评估。植物措施进行河道生态建设，经济林木除外的其他林木资源不能随意砍伐，因此其具体价值不再进行具体评价。

(3) 其他价值评估。林木的枯枝落叶作为一种清洁燃料，产灰少，含硫量低，可以通过燃烧取能，也可以将采下的枝、叶送进工厂气化，再送气给居民使用，具有一定的经济价值。另外，一些树种的树皮也可作为药材等，其所体现的经济价值也相当可观，但这些价值难以估算，本书未予计算。

7.3 社会效益

河道植被作为一种社会人文资源，不仅具有重要的生态效益和经济效益，同时也呈现了突出的社会效益和文化价值。社会效益实质是植物对人这一主体生存发展所起的影响和作用（愉悦心情、促进人类身心健康等），主要构成因素包括提供自然环境和条件的娱乐、游憩、美学、精神和文化等的价值（李少宁等，2004），见图7-6和图7-7。社会效益和文化价值很难用货币价值衡量，但目前的评价方法主要有：对植物游憩价值主要采用旅行费用法评价，对植物科学、文化、历史价值主要采用指标评价法、条件价值法和综合模型评价法等评价（张颖，2004）。

7.3.1 旅游效益

在河道岸坡构建的植被带，发挥着重要的社会效益和文化价值，其社会效益和文化价值的计算方法可以借鉴生态公益林旅游价值的计算方法。计算公式为

$$V=AK \tag{7-8}$$

式中：V为植物旅游价值，元/a；A为植物面积，hm^2；K为单位面积植物的旅游价值，元/hm^2。

(a)

(b)

图7-6 河道植物护坡是人们休闲、健身的好去处

(a) 休闲垂钓区；(b) 娱乐健身区

(a)

(b)

图7-7 河道生态景观旅游（韩玉玲 摄）

(a) 乡村河道生态游；(b) 长兴县和睦塘生态景观游

研究表明，浙江省生态公益林平均旅游价值为3546.41元/hm^2，由于河道岸坡植被的价值略低于生态公益林的平均旅游价值，因此K可粗略定为3500元/hm^2。

7.3.2 技术扩散效益

一项技术的真正意义不在于技术本身，而在于技术扩散过程中发挥的规模效益。所谓技术扩散就是技术通过一定的渠道和方式，在潜在的使用者之间进行传播、采用并扩展的过程。尽管技术扩散产生的效益难以准确计算，更难以分清相关各方对效益的贡献率，但对整个社会、整个国家的贡献是客观存在的。本书对河道植物措施应用技术的扩散效益仅作简单的定性描述。

以浙江省为例，已开展河道植物措施应用技术试验研究4年多时间。在试点、示范工程的带动、辐射作用下，浙江省各地效仿参照试点、示范工程的做法，采用植物措施进行河道生态建设，据不完全统计，推广应用总长度500km以上，节省工程投资约2亿元以上，取得了显著的经济效益。

同时，河道植物措施应用技术带动了相关技术的研究，相关科研院所相继开展类似研究，或在本项技术基础上再提高、再创新，实现技术传递和连锁创新，进一步发挥技术的规模效益。

7.4 植物措施应用总体效益

利用市场价值法、机会成本法和影子价格法等评估植物措施在河道生态建设中的生态、经济和社会效益，每公顷河岸植被每年的总体效益为199982元，见表7-1。

据统计，截至2008年浙江省“万里清水河道建设”中利用植物措施护坡护岸面积超过250万m^2，每年可产生综合效益近5000万元。如果浙江省6万多公里河道约20%采取植物措施，则每年产生的综合效益可达24亿元。河道植物不仅为实现“水清、岸绿、景美”的三大治河目标，为打造“绿色浙江”和“生态省”建设发挥不可替代的作用，同时也可产生可观的综合效益。因此，大力倡导应用植物措施进行河道生态建设，对实现人与自然和谐和社会经济的可持续发展具有重要的现实意义和深远的历史意义，见图7-8。

表7-1 **河道植物措施年效益汇总表**

效 益 类 型		经济价值（元/hm^2）
一、生态效益	1.固土护坡	3000
	2.涵养水源、净化水质	12420
	3.生物多样性	10000
	4.调节气候	8730
	小计	34150

续表

效 益 类 型		经济价值（元/hm^2）
二、经济效益	1 .节省工程投资	97600
	2 .节约运行养护费	63600
	3 .植物产出	1132
	小计	162332
三、社会效益	旅游价值	3500
	小计	3500
合 计		199982

图7-8 人与自然和谐处（韩玉玲 摄）

第8章　河道生态建设常用植物

在自然河道中，分布和生长着种类多样和类型各异的植物，因此在河道建设中有丰富的植物可供选择。本章主要介绍河道生态建设常用植物，并且将河道植物划分为乔木树种（常绿乔木、落叶乔木）、灌木树种（常绿灌木、落叶灌木）、藤本植物（常绿藤本、落叶藤本）和草本植物（水生草本、陆生草本）4种类型，逐一介绍它们的别名（俗名）、形态特征、生态习性、繁殖方式、适用河道类型和种植地带。

8.1 河道生态建设常用优良植物名录

根据河道样地详查资料、河道生态建设植物种类的种植试验和示范，以及相关文献资料，经过认真分析，提出了100种河道生态建设植物措施应用的常用优良植物，见表8-1。这些植物通常具有以下特点：

（1）适应性高。被选择的植物对河道环境具有高度的适应性，生长速度快，建设和管理费用低。

（2）亲和力强。被选择的植物对河道的植物群落亲和能力强，既不会被原有群落的植物所抑制而不能正常生长，也不会因它的生长而过分影响其他种类的生长，即能形成物种之间良好的相互促进、相互制约的机制。

（3）功能广泛。被选择的植物在某方面或某几个方面具有独特的功能，如净化水质、固土抗冲、生态经济等。

（4）赏心悦目。被选择植物的个体或群体不仅具有良好的生态效果，也应具有丰富多彩的景观效果，给人良好的视觉享受。

表8-1　　河道生态建设常见植物名录

类型	中文名	拉 丁 名	科名	适用河道	种植地带
常绿乔木	湿地松	*Pinus eliottii* Engelm.	松科	A、B	HS、C-H
	水松	*Glyptostrobus pensilis* (Stant.) K. Dendr.	杉科	A、B	HS、C-H
	南方红豆杉	*Taxus mairei* (Lemee et Levl.) S. Y. Hu ex Liu	红豆杉科	A、B	HS
	木麻黄	*Casuarina equisetifolia* Linn.	木麻黄科	A、C	HS、C-H
	苦槠	*Castanopsis sclerophylla* (Lindl.) Schott.	壳斗科	A、B	HS、C-H
	樟树	*Cinnamomum camphora* (Linn.) Presl.	樟科	A、B	HS
	柚	*Citrus maxima* (Burm.) Merr.	芸香科	A、B	HS
	冬青	*Ilex purpurea* Hassk.	冬青科	A、B、C	HS、C-H
	全缘冬青	*Iiex integra* Thunb.	冬青科	A、B、C	HS、C-H
	杜英	*Elaeocarbus decipiens* Hemsl.	杜英科	A、B	HS
	香港四照花	*Dendrobenthemia hongkongensis* (Hemsl.) Hutch.	山茱萸科	A、B	HS
	女贞	*Ligustrum lucidum* Ait.	木犀科	A、B、C	HS、C-H
	高节竹	*Phyllostachys prominens* Hsiung	禾本科	A、B	HS、C-H

续表

类型	中文名	拉 丁 名	科名	适用河道	种植地带
落叶乔木	水杉	*Metasequoia glyptostroboides* Hu et Cheng	杉科	A、B	HS、C-H、CX
	池杉	*Taxodium ascendens* Brongn	杉科	A、B	HS、C-H、CX
	中山杉	(*Taxodium distichum* × *T. mucronatum*) × *T. mucronatum*	杉科	A、B、C	HS、C-H
	垂柳	*Salix babylonica* Linn.	杨柳科	A、B	HS、C-H
	南川柳	*Salix rosthornii* Seemen	杨柳科	A、B	HS、C-H
	枫杨	*Pterocarya stenoptera* C. DC.	胡桃科	A、B	HS、C-H
	江南桤木	*Alnus trabeculosa* Hand. -Mazz.	桦木科	A、B	C-H
	榔榆	*Ulmus parvifolia* Jacq.	榆科	A、B	HS、C-H
	朴树	*Celtis sinensis* Pers.	榆科	A、B	HS、C-H
	构树	*Broussonetia papyrifera* Linn.	桑科	A、B、C	HS、C-H
	枫香	*Liquidamba formosana* Hance	金缕梅科	A、B	HS
	合欢	*Albizia julibrissin* Durazz.	豆科	A、B、C	HS
	苦楝	*Melia azedarach* Linn.	楝科	A、B	HS、C-H
	重阳木	*Bischofia polycarpa* (Level.) Airy-Shaw	大戟科	A、B	HS、C-H
	乌桕	*Sapium sebiferum* (Linn.) Roxb.	大戟科	A、B	HS、C-H
	油桐	*Vernicia fordii* Hemsl.	大戟科	B	HS、C-H
	白杜	*Euonymus maackii* Rupr.	卫矛科	A、B	HS、C-H
	三角槭	*Acer buergerianum* Miq.	槭树科	A、B	HS、C-H
	鸡爪槭	*Acer palmatum* Thunb.	槭树科	A、B	HS
	黄山栾树	*Koelreuteria bipinnta* Franch. var. *integrifoliola* (Merr.) T. Chen	无患子科	A、B、C	HS
	喜树	*Camptotheca acuminate* Decne.	蓝果树科	A、B	HS、C-H
	蓝果树	*Nyssa sinensis* Oliv.	蓝果树科	A、B	HS
	柿树	*Diospyros* kaki Thunb.	柿科	A、B、C	HS

续表

类型	中文名	拉 丁 名	科名	适用河道	种植地带
常绿灌木	杨梅	*Myrica rubra* (Lour.) Sieb. et Zucc.	杨梅科	A、B	HS
	南天竺	*Nandina domestica* Thunb.	小檗科	A、B	HS
	海桐	*Pittosporum tobira* (Thunb.) Ait.	海桐科	A、B、C	HS
	小叶蚊母树	*Distylium buxifolium* (Hance) Merr.	金缕梅科	A、B	HS、C-H
	火棘	*Pyracantha fortuneana* (Maxim.) Li	蔷薇科	A、B	HS
	硕苞蔷薇	*Rosa bracteata* Wendl.	蔷薇科	A、B	HS、C-H
	枸骨冬青	*Ilex cornuta* Lindl. et Paxt.	冬青科	A、B	HS、C-H
	小蜡	*Ligustrum sinense* Lour.	木犀科	A、B	HS、C-H
	夹竹桃	*Nerrium indicum* Mill.	夹竹桃科	A、B、C	HS、C-H
	水团花	*Adina pilulifera* (Lam.) Franch. ex Drake	茜草科	A、B	C-H
	孝顺竹	*Bambusa glaucescens* (Will.) Sieb. ex Munro	禾本科	A、B	HS、C-H
落叶灌木	银叶柳	*Salix cheinii* Cheng	杨柳科	A、B	HS、C-H
	桑树	*Morus alba* Linn.	桑科	A、B、C	HS、C-H
	紫穗槐	*Amorpha fruticosa* Linn.	豆科	A、B、C	HS、C-H
	黄槐决明	*Cassia surattensis* Burm. f.	豆科	A、B	HS、C-H
	紫荆	*Cercis chinensis* Bunge	豆科	A、B	HS
	马棘	*Indigofera pseudotinctoria* Mastum.	豆科	A、B	HS、C-H
	美丽胡枝子	*Lespedeza formosa* (Vog.) Koehne	豆科	A、B、C	HS、C-H

续表

类型	中文名	拉 丁 名	科名	适用河道	种植地带
落叶灌木	野桐	*Mallotus japonicus* (Thunb.) Muell. -Arg.var. *floccosus* (Muell.-Arg.) S. M. Hwang	大戟科	A、B	HS、C-H
	盐肤木	*Rhus chinensis* Mill.	漆树科	A、B	HS
	海滨木槿	*Hibiscus hamabo* Sieb. et Zucc.	锦葵科	A、C	HS、C-H
	木芙蓉	*Hibiscus mutabilis* Linn.	锦葵科	A、B	HS、C-H
	木槿	*Hibiscus syriacus* Linn.	锦葵科	A、B	HS、C-H
	柽柳	*Tamarix chinensis* Lour.	柽柳科	A、C	HS、C-H
	紫薇	*Lagerstroemia indica* Linn.	千屈菜科	A、B	HS
	石榴	*Punica granatum* Linn.	安石榴科	A、B、C	HS
	山茱萸	*Cornus officinalis* Sieb. et Zucc.	山茱萸科	A、B	HS、C-H
	白檀	*Symplocos paniculata* (Thunb.) Miq.	山矾科	A、B	HS、C-H
	白棠子树	*Callicarpa dichotoma* (Lour.) K. Koch	马鞭草科	A、B	HS、C-H
	海州常山	*Clerodendrum trichotomum* Thunb.	马鞭草科	A、B	C-H
	牡荆	*Vitex negundo* Linn.var. *cannabifolia* (Sieb. et Zucc.) Hand. -Mazz.	马鞭草科	A、B	HS、C-H
	细叶水团花	*Adina rubella* Hance	茜草科	A、B	C-H
	水马桑	*Weigela japonica* Thunb.var. *sinica* (Rehd.) Bailey	忍冬科	A、B	HS、C-H

续表

类型	中文名	拉丁名	科名	适用河道	种植地带
常绿藤本	常春油麻藤	*Mucuna sempervirens* Hemsl.	豆科	A、B	HS
	中华常春藤	*Hedara nepalensis* K. Koch var. *sinensis* (Tobl.) Rehd.	五加科	A、B、C	HS
	云南黄馨	*Jasminum mesnyi* Hance	木犀科	A、B	HS
落叶藤本	紫藤	*Wisteria sinensis* (Sims) Sweet	豆科	A、B、C	HS、C-H
	凌霄	*Campsis grandiflora* (Thunb.) Schum.	紫葳科	A、B	HS
水生草本	千屈菜	*Lythrum salicaria* Linn.	千屈菜科	A、B	C-H、CX
	水烛	*Typha angustifolia* Linn.	香蒲科	A、B	CX
	香蒲	*Typha orientalis* Presl.	香蒲科	A、B	CX
	窄叶泽泻	*Alisma canaliculatum* A. Br. et Bouche.	泽泻科	A、B	CX
	慈姑	*Sagittaria trifolia* Linn. var. *sinesis* (Sims) Makino	泽泻科	A、B	CX
	芦竹	*Arundo donax* Linn.	禾本科	A、B、C	C-H、CX
	蒲苇	*Cortaderia selloana* (Schult.) Aschers.et Garaebn.	禾本科	A、B	C-H、CX
	薏苡	*Coxi lacryma-jobi* (Linn.) var. *ma-yuan* (Roman.) Stapf	禾本科	A、B	C-H、CX
	芦苇	*Phragmites australis* (Cav.) Trin.	禾本科	A、B、C	C-H、CX
	菰	*Zizania caducifolia* (Turcz.) Hard.-Mazz.	禾本科	A、B	CX
	水葱	*Scirpus tabernaemontani* Gmel.	莎草科	A、B	C-H、CX
	菖蒲	*Acorus calamus* Linn.	天南星科	A、B	CX
	石菖蒲	*Acorus tatarinowii* Schott	天南星科	A、B	C-H、CX
	黄菖蒲	*Iris pseudacorus* Linn.	鸢尾科	A、B	CX

续表

类型	中文名	拉 丁 名	科名	适用河道	种植地带
陆生草本	紫花苜蓿	*Medicago sativa* Linn.	豆科	A、B、C	HS、C-H
	爵床	*Rostellularia procumbens* (Linn.) Nees	爵床科	A、B	C-H
	狗牙根	*Cynodon Dactylon* (Linn.) Pers.	禾本科	A、B、C	HS、C-H
	黑麦草	*Lolium perenne* Linn.	禾本科	A、B、C	HS、C-H
	五节芒	*Miscanthus floridulus* (Labill.) Warb.	禾本科	A、B	HS、C-H
	荻	*Miscanthus sacchariflorus*(Maxim.) Benth.	禾本科	A、B	HS、C-H
	芒	*Miscanthus sinensis* Anderss.	禾本科	A、B	HS、C-H
	斑茅	*Saccharum arundinaceum* Retz.	禾本科	A、B	HS、C-H
	萱草	*Hemerocallis fulva* (Linn.) Linn.	百合科	A、B	HS、C-H
	石蒜	*Lycoris radiata* (L' Her.) Herb.	石蒜科	A、B	HS、C-H
	蕉芋	*Canna edulis* Ker-Gawl.	美人蕉科	A、B	C-H、CX
	美人蕉	*Canna indica* Linn.	美人蕉科	A、B	C-H、CX

注 适用河道：A—平原区河道；B—山丘区河道；C—沿海区河道。
种植地带：CX—常水位线以下；C-H—常水位线与设计洪水线之间；HS—设计洪水位线以上。

8.2 河道生态建设常用优良植物介绍

8.2.1 乔木树种

1.常绿乔木

（1）**湿地松** *Pinus eliottii* Engelm.，**松科，松属。**

别　　名：美国松、国外松。

形态特征：常绿乔木，树干通直，高30~36m。树皮灰褐色，纵裂呈鳞状块片剥落。冬

芽圆柱状，红褐色，粗壮，无树脂。针叶二针或三针一束，长18~30cm，深绿色，腹背两面均有气孔线，边缘有细锯齿。3~4月开花，翌年10~11月果熟，球果长圆锥形，2~3个聚生。种子卵圆，具三棱。

生态习性： 极喜光，喜温暖湿润气候，耐寒，抗高温。耐旱亦耐水湿，可忍耐短期淹水。喜深厚肥沃的中性至强酸性土壤，在碱土中种植有黄化现象。根系发达，抗风。

繁殖方式： 种子繁殖、扦插繁殖，以种子繁殖为主。

适用河道： 山丘区河道、平原区河道。

种植地带： 常水位以上。

（2）**水松** *Glyptostrobus pensilis*（Stant.）K. Dendr.，**杉科，水松属。**

别　　名： 稷木、水石松、水绵。

形态特征： 半常绿性乔木，高达25m。树皮褐色或灰褐色，裂成不规则条片。叶鳞形、线状钻形及线形，常二者生于同一枝上；在宿存枝上的叶甚小，鳞形，长2~3cm；在脱落枝上的叶较长，长9~20mm。雌雄同株，球花单生枝顶，花期2~3月。球果倒卵圆形，9~10月成熟。

生态习性： 阳性植物，喜温暖湿润气候。耐水湿、不耐干旱、不耐盐碱。对土壤的适应性较强，除盐碱地外均能生长，但最适生于中性或微碱性土壤。

繁殖方式： 种子繁殖、扦插繁殖。

适用河道： 山丘区河道、平原区河道。

种植地带： 常水位以下、常水位至设计洪水位。

（3）**南方红豆杉** *Taxus mairei* (Lemee et Levl.)S. Y. Hu ex Liu，**红豆杉科，红豆杉属。**

别　　名： 美丽红豆杉、红榧、紫杉。

形态特征： 常绿乔木，高达20m。树皮纵裂，红褐色或淡灰色。叶二列状排列，常呈镰状，长1.5~4.0cm，宽0.3~0.5cm，先端渐窄尖，叶面中脉明显，背面气孔带黄绿色，中脉与边带绿色较气孔带宽。种子倒卵圆形，微扁，假种皮鲜红色。花期3~4月，种子10月成熟。

生态习性： 耐阴树种，喜温暖湿润气候。不耐干旱瘠薄，不耐水淹。自然生长在山谷、溪边、缓坡等腐殖质丰富的酸性土壤中，中性土、钙质土也能生长。

繁殖方式： 种子繁殖、扦插繁殖。

适用河道： 山丘区河道、平原区河道。

种植地带： 设计洪水位以上。

(4) **木麻黄** *Casuarina equisetifolia* Linn.，**木麻黄科，木麻黄属。**

别　　名： 短枝木麻黄、驳骨树、马尾树。

形态特征： 常绿乔木，株高达30m。树干通直，树冠塔形。树皮不规则纵裂、粗糙、深褐色。枝红褐色，有密集的节，最末次分出的小枝灰绿色，纤细，直径0.8~0.9mm，长10~27cm，常柔软下垂。鳞片状叶每轮通常7枚，少为6枚或8枚；披针形或三角形，长1~3mm。花单性，同株或异株。雄花序几乎无总花梗，棒状圆柱形，长1~9cm，有覆瓦状排列、被白色柔毛的苞片；雌花序通常顶生于近枝顶的侧生短枝上。聚合果椭圆形，小坚果具翅，小坚果连翅长4~7mm，宽2~3mm。花期5~6月，果期8~11月。

生态习性： 强阳性树种，喜炎热气候，不耐寒。在年平均温度21~28℃、最冷月平均温度8℃以上、年积温7000℃以上、绝对最低温度在0℃以上的地区均可栽培。耐干旱，也耐水湿。耐盐碱、贫瘠土壤。抗风力强，不怕沙埋。生长迅速，萌芽力强。

繁殖方式： 种子繁殖、扦插繁殖。

适用河道：沿海区河道、平原区河道。

种植地带：常水位以上。

（5）**苦槠** *Castanopsis sclerophylla* (Lindl.) Schott.，**壳斗科，栲属**。

别　　名：苦槠栲、苦槠锥。

形态特征：常绿乔木，株高15m。树皮浅纵裂，片状剥落。小枝灰色，散生皮孔，当年生枝红褐色，略具棱。枝、叶均无毛。叶厚革质；叶椭圆状卵形或椭圆形，长5~15cm，宽3~6cm，顶端渐尖或短尖，基部楔形或圆形，边缘或中部以上有锐锯齿，下面银灰绿色，两面无毛；叶柄长1.5~2.5cm。雄穗状花序通常单穗腋生，雌花序长达15cm。果序长8~15cm，壳斗有坚果1个，偶有2个或3个，圆球形或半圆球形，全包或包着坚果的大部分，径12~15mm，坚果单生，近球形褐色。花期4~5月，果期10~11月。

生态习性：喜光，也能耐阴，喜温暖湿润气候。适应性强，耐干旱、瘠薄。喜酸性、微酸性深厚土壤。深根性，萌芽性强，抗有毒气体。

繁殖方式：种子繁殖、分蘖繁殖。

适用河道：山丘区河道、平原区河道。

种植地带：常水位以上。

（6）**樟树** *Cinnamomum camphora* (Linn.) Presl.，**樟科，樟属**。

别　　名：香樟、芳樟、油樟、樟木。

形态特征：常绿乔木，株高可达30m。树皮幼时绿色，平滑；老时渐变为黄褐色或灰褐色纵裂。冬芽卵圆形。叶互生，薄革质；叶片卵形或卵状椭圆形，长6~12cm，宽2.5~5.5cm，顶端短尖或近尾尖，基部圆形，背面微被白粉，脉腋有腺点。圆锥花序生当年生枝叶腋，花淡黄绿色。球形的小果实成熟后为黑紫色，果托杯状。花期4~5月，果期10~11月。

生态习性：喜光，稍耐阴；喜温暖湿润气候，抗高温，耐寒性不强，在－10℃下幼枝受冻害。较耐水湿，但不耐干旱、瘠薄和盐碱土。在深厚、湿润、肥沃的酸性或中性沙壤土、冲积土上生长良好，黏性黄、红壤土生长次之，在紫色页岩酸性土壤上生长不良，能吸收多种有毒气体。

繁殖方式：种子繁殖、根蘖繁殖、扦插繁殖。

适用河道：山丘区河道、平原区河道。

种植地带：设计洪水位以上。

（7）**柚** *Citrus maxima* (Burm.) Merr.，**芸香科，柑橘属**。

别　　名：抛、文旦。

形态特征：常绿乔木，株高5~10m。嫩枝、叶背、花萼及子房均被柔毛，嫩枝通常暗紫红色，嫩枝扁且有棱。叶质颇厚，色浓绿，阔卵形或椭圆形，连翼叶长9~16cm，宽4~8cm，或更大，顶端钝或圆，有时短尖，基部圆，翼叶长2~4cm，宽0.5~3cm，个别品种的翼叶甚狭窄。花大，长1.8~2.5cm，常簇生成总状花序，花瓣白色。果实大，圆形、扁圆形或阔倒卵形；成熟时呈淡黄色或橙色；果皮厚，有大油腺，不易剥离；果肉白色或红色；种子多。花期4~5月，果期9~12月。

生态习性：阳性植物。喜温暖湿润气候，畏寒冷，对温度适应性强，年平均气温16.6~21.3℃，1月平均温度5.4~13.2℃，≥10℃年积温5300~7400℃，绝对低温在－3~4℃以下的地区都有分布。怕干旱，但也忌土壤水分过多，对土壤种类和土壤酸碱度的适应性比较广泛，pH值在4.8~8.5范围内均见有柚栽培。

繁殖方式：嫁接繁殖、压条繁殖。

适用河道：山丘区河道。

种植地带：设计洪水位以上。

（8）**冬青** *Ilex purpurea Hassk.*，**冬青科，冬青属**。

别　　名：四季青。

形态特征：常绿乔木，高达13m。树冠卵圆形。树皮暗灰色，光滑不裂。小枝浅绿色，全体无毛。叶薄革质，长椭圆形至披针形，稀卵形，长5~14cm，宽2~5.5cm，先端渐尖，基部宽楔形，缘有疏钝锯齿。聚伞花序着生于新枝叶腋内或叶腋外；花淡紫色或紫红色，有香气。果实椭圆形或近球形，成熟时深红色。花期4~6月，果期11~12月。

生态习性：喜温暖气候，有一定耐寒力。适生于肥沃湿润、排水良好的酸性壤土。较耐阴湿，萌芽力强，耐修剪，对SO_2抗性强。

繁殖方式：种子繁殖、扦插繁殖。

适用河道：山丘区河道、平原区河道。

种植地带：常水位以上。

（9）**全缘冬青** *Iiex integra* Thunb.，**冬青科，冬青属**。

别　　名：全缘叶冬青。

形态特征：常绿小乔木，高达9m。树皮灰褐色，平滑，老时变粗糙。小枝黑色，有棱。叶厚革质，长4~8cm，宽2~4cm，倒卵形或倒卵状椭圆形，全缘，两面无毛；叶柄常带紫色，长7~15mm。雄聚伞花序具花5~20朵，雌聚伞花序具花1~8朵，均生于二年生枝叶腋；花黄绿色，外面带紫色。果球形，熟时鲜红色。花期3~4月，果期10~11月。

生态习性：喜温暖气候，有一定耐寒性。耐阴湿、耐盐碱、极耐干旱瘠薄。适生于肥沃湿润、排水良好的酸性壤土。根系发达，萌芽性强，抗风性极强。

繁殖方式：种子繁殖、扦插繁殖。

适用河道：山丘区河道、平原区河道、沿海区河道。

种植地带：常水位以上。

（10）**杜英** *Elaeocarbus decipiens* Hemsl.，**杜英科，杜英属**。

别　　名：胆八树。

形态特征：常绿乔木，高10~20m。树冠紧凑，近圆锥形，枝叶茂密。单叶互生；叶形为长椭圆状披针形，表面平滑无毛。总状花序，淡绿色、腋生，长约5~10cm。果实为椭圆形褐果。花期6~8月，果期10~11月。杜英最明显的特点是秋冬至早春部分树叶转为绯红色，红绿相间，鲜艳悦目。

生态习性：喜光，稍耐阴。喜温暖潮湿环境，耐寒性稍差。喜排水良好、湿润、肥沃的酸性土壤。树干坚实挺直，抗风力强。根系发达，萌芽力强。SO_2抗性强。

繁殖方式：种子繁殖、扦插繁殖，以种子繁殖为主。

适用河道：山丘区河道、平原区河道。

种植地带：常水位以上。

（11）**香港四照花** *Dendrobenthemia hongkongensis* (Hemsl.) Hutch.，**山茱萸科，四照花属**。

别　　名：香港秀丽四照花。

形态特征：常绿乔木，高达18m。主干明显，分枝和叶片密集，树形优美。嫩叶粉红色或浅黄色，后转绿色，冬季及早春叶紫红色。叶对生，革质，椭圆形、长椭圆形或倒卵状椭圆形，长6~10cm，宽3~5cm，先端短渐尖或短尾尖。头状花序球形，花色米黄。果实球形，径1.5~2.5cm，有毛，熟时橙黄至紫红色。花期5~6月，果期11~12月。

生态习性：中性树种，喜光，亦有较强的耐阴性。生态适应性较强，喜温暖湿润气候，但极耐寒。抗旱、耐贫瘠。对土壤要求不太严，有一定的耐盐碱性。

繁殖方式：种子繁殖、扦插繁殖、分蘖繁殖、压条繁殖。

适用河道：山丘区河道、平原区河道。

种植地带：设计洪水位以上。

（12）**女贞** *Ligustrum lucidum* Ait.，**木犀科，女贞属**。

别　　名：青蜡树、大叶蜡树、白蜡树、蜡树。

形态特征：常绿乔木或小乔木，株高5~10m。树皮灰色，光滑不裂，枝无毛，有皮孔。单叶，对生；叶片革质而脆，卵形、宽卵形、椭圆形或卵状披针形，长8~13cm，先端渐尖，基部楔形或近圆形，全缘，表面深绿色，有光泽，无毛，叶背浅绿色。花小，两性，花冠白色，组成聚伞花序再排成顶生的圆锥花序。果实为浆果状核果，蓝色近乎黑色。花期7月，果期10月至翌年3月。

生态习性：喜光，稍耐阴。喜温暖湿润气候，耐寒性好，能耐－12℃的低温。耐水湿，但不耐瘠薄。对土壤要求不严，以砂质壤土或黏质壤土栽培为宜，在红、黄壤土中也能生长。对大气污染的抗性较强，对SO_2、Cl_2、HF及铅蒸气均有较强抗性，也能忍受较高的粉尘、烟尘污染。

繁殖方式：种子繁殖、扦插繁殖，以种子繁殖为主。

适用河道：山丘区河道、平原区河道、沿海区河道。

种植地带：常水位以上。

（13）**高节竹** *Phyllostachys prominens* Hsiung，**禾本科，刚竹属**。

别　　名：洋毛竹。

形态特征：秆高7~10m，直径4~7cm，节间长达18~24cm，除基部数节外，近等长，新秆深绿色，无白粉，后转绿色；秆环强烈隆起；箨环也隆起；箨鞘淡褐黄色，或略带淡红色，

边缘褐色，密生斑点，近顶部尤密，呈黑褐色，疏生白毛，下部斑点成块状，黑褐色；箨耳发达，长圆形或镰刀状，长达1.5cm，紫黑色，先端波状，疏生长纤毛；箨片带状披针形，橘红色或绿色而有橘黄色边缘，强烈皱褶，反转。末级小枝具2~3叶；叶耳和䋤毛脱落性；叶舌隆起，黄绿色；叶片带状披针形，长8.5~18cm，宽1.3~2.2cm，下面仅基部被白毛。笋期4月下旬。

生态习性：生命力强，根系发达，有较强的固土护坡能力。

繁殖方式：分株繁殖。

适用河道：山丘区河道、平原区河道。

种植地带：常水位以上。

2. 落叶乔木

（1）**水杉** *Metasequoia glyptostroboides* Hu et Cheng，**杉科，水杉属**。

别　　名：水桫、曙杉。

形态特征：落叶乔木，株高达35m。干基部常膨大，树皮灰褐色或深灰色，裂成条片状脱落。幼枝树冠尖塔形，老树则成宽卵圆形；大枝近轮生，小枝对生。叶线形，长0.8~3.5cm，交叉对生，在侧面枝上扭转成2列，冬季与无冬芽小枝一同脱落。雌雄同株；雄球花单生叶腋或枝顶，有短柄，或多数排成总状或圆锥花序状；雌球花单生于去年生枝顶或近枝顶，珠鳞11~14对，交叉对生。球果近球形，长1.8~2.5cm，熟时深褐色，下垂；种子倒卵形，扁平，周围有窄翅，先端有凹缺。花期2月下旬，球果10月下旬至11月成熟。

生态习性：喜光，不耐阴。喜温暖湿润气候，耐寒性强，可耐－25℃低温。耐水湿。适生于疏松、肥沃的酸性土壤，但在微碱性土壤中亦能正常生长，不耐干旱与瘠薄。对SO_2有一定的抵抗性。病虫害较少。

繁殖方式：种子繁殖、扦插繁殖。

适用河道：山丘区河道、平原区河道。

种植地带：常水位以上，以近常水位种植生长最好。

（2）**池杉** *Taxodium ascendens* Brongn，**杉科，落羽杉属**。

别　　名：池柏、沼落羽杉。

形态特征：落叶乔木，株高达25m。树干基部膨大，常有屈膝状吐呼吸吸根，在河岸下部生长的“膝根”尤为显著。树皮褐色，纵裂，成长条片脱落。枝向上展，树冠常较窄，呈尖塔形；当年生小枝绿色，细长，常略向下弯垂。叶多钻形，略内曲，常在枝上螺旋状伸展，下部多贴近小枝，基部下延，长4~10mm，基部宽约1mm，先端渐尖。雌雄同株，雄球花多数，聚成圆锥花序，集生于下垂的枝梢上，雌球花单生枝顶；球果圆球形或长圆状球形，有短梗，种子不规则三角形，略扁，红褐色，边缘有锐脊。花期3月，球果11月成熟。

生态习性：强阳性树种，不耐阴。喜温暖湿润环境，较耐寒，能耐短暂－17℃的低温。极耐水湿，也能耐旱。适生于深厚疏松的酸性或微酸性土壤，苗期在碱性土种植时黄化严重，生长不良，长大后抗碱能力增加。

繁殖方式：种子繁殖、扦插繁殖。

适用河道：山丘区河道、平原区河道。

种植地带：常水位上下均可种植，以近常水位种植生长最好。

（3）**中山杉**（*Taxodium distichum*×*T. mucronatum*）×*T. mucronatum*，**杉科，落羽杉属**。

形态特征：半常绿乔木，高约25m。主干明显，圆满通直。羽状复叶，叶呈条形，互生，螺旋状散生小枝上，长0.6~1.0cm。雌雄同株，雌球花着生在新枝顶部，单个或2~3个簇生，成熟时呈球形，长3.5~5.0mm，雄球花着生在小枝上，成熟时呈椭圆形，长3.5~5.0mm，种子呈不规则三角形或多边形，有明显尖锐棱脊，皮厚、角质、坚硬、不易透水。

生态习性：喜光，生长迅速、耐水湿、耐盐碱、抗风力强。具有较强的耐盐碱特性。耐水性强，生长期间淹水3~6个月不会死亡。

繁殖方式：扦插繁殖。

适用河道：山丘区河道、平原区河道、沿海区河道。

种植地带：常水位以上。

（4）**垂柳** *Salix babylonica* Linn.，**杨柳科，柳属**。

别　　名：水柳、垂丝柳、清明柳。

形态特征：落叶乔木，高达18m。树冠倒广卵形。小枝细长下垂，淡红色、淡黄色或淡褐色。叶互生，披针形或条状披针形，长8~16cm；葇荑花序具总梗，雄花序长2~4cm，雌花序长至5cm。花期3~4月，果期4~5月。

生态习性：喜光，也耐阴。喜温暖湿润气候，较耐寒。耐碱、耐水湿。喜潮湿深厚之酸性及中性土壤。适应能力强，在河边、湖岸、堤坝生长较快，在地势高干燥地方也能生长，萌芽力强。

繁殖方式：种子繁殖、扦插繁殖、嫁接繁殖，以扦插繁殖为主。

适用河道：山丘区河道、平原区河道。

种植地带：常水位以上。

（5）**南川柳** *Salix rosthornii* Seemen，**杨柳科，柳属**。

别　　名：白溪柳。

形态特征：乔木或灌木。幼枝有毛，后无毛。叶披针形，椭圆状披针形或长圆形，稀椭圆形，长4~8cm，宽1~3.5cm，先端渐尖，上面亮绿色，下面浅绿色，两面无毛；叶柄长7~12mm，有短柔毛。花与叶同时开放，花序长3.5~6cm，粗约6mm；花序梗长1~2cm，3~5个小叶；雄蕊3~6mm，基部有短柔毛；苞片卵形，基部有柔毛，花具腹腺和背腺；雌花序长2~5cm，有柔毛。蒴果卵形，长5~6mm。花期3月下旬至4月上旬，果期5月。

生态习性：阳性树种，稍耐阴。喜温暖湿润气候，不耐寒。不择土壤，耐贫瘠，耐水湿、不耐干旱。自然生长生于平原、丘陵及低山地区的水旁。

繁殖方式：扦插繁殖、压条繁殖。

适用河道：山丘区河道、平原区河道。

种植地带：常水位以上，以常水位附近种植生长最好。

（6）**枫杨** *Pterocarya stenoptera* C. DC.，**胡桃科，枫杨属。**

别　　名：蜈蚣柳、麻柳、水麻柳。

形态特征：落叶乔木，株高达30m。树皮灰褐色，幼时光滑，老时纵裂，小枝灰色、灰绿色，具皮孔。偶数羽状复叶，稀奇数羽状复叶，长20~30cm，叶轴具翅和柔毛；小叶5~8对，无柄，长8~12cm，宽2~3cm，缘具细齿，叶背沿脉及脉腋有毛。雌雄同株异花，雄花序长5~12cm，雌花序10~15cm，花序轴有柔毛；果序长20~45cm，果序轴有毛。小坚果，长两端具翅。花期4月，果期8~9月。

生态习性：温带南部及亚热带树种，喜光，不耐阴。耐水湿、耐寒、耐旱，喜生于湖畔、河滩、低湿之地。对土壤要求不严，较喜疏松肥沃的砂质壤土，以深厚肥沃的河床两岸生长良好。对SO_2、Cl_2等抗性强。深根性，主、侧根均发达，速生性，萌蘖能力强。

繁殖方式：种子繁殖。

适用河道：山丘区河道、平原区河道。

种植地带：常水位以上。

（7）**江南桤木** *Alnus trabeculosa* Hand. -Mazz.，**桦木科，桤木属**。

别　　名：水冬瓜、水青冈。

形态特征：落叶乔木，高达10m。树皮灰褐色，鳞状开裂。叶倒卵形或椭圆形至椭圆状矩圆形，长4~16cm，宽2.5~7cm，先端渐尖，基部宽楔形至圆形，边缘有微不规则细锯齿，无毛，下面有腺点；叶柄长2~3mm。雄花序春季先叶开放，多个簇生。果序矩圆状，2~4个排成总状。花期2~3月，果期11月。

生态习性：喜光，喜温暖气候，适生于年平均气温15~18℃，绝对最低温度不到－10℃的区域。耐水湿，多生于河滩低湿地。对土壤的酸碱度要求不严，酸性至微碱性土均能适应，但在土层深厚、肥沃、湿润的丘陵山地生长迅速。根系发达，有根瘤菌，固氮能力强。

繁殖方式：种子繁殖。

适用河道：山丘区河道、平原区河道。

种植地带：常水位以上。

（8）**榔榆** *Ulmus parvifolia* Jacq.，**榆科，榆属**。

别　　名：小叶榆、秋榆、掉皮榆、豺皮榆。

形态特征：落叶乔木，株高15m。树皮灰褐色，不规则薄鳞片状剥离。小枝褐色，有软毛。叶革质，稍厚，椭圆形、卵形或倒卵形，长2~5cm，宽1~2cm，顶端尖或钝，基部圆形，两侧稍不相等，叶缘有单锯齿，表面光滑，背面幼时有毛。花秋季开放，簇生于当年生枝的叶腋。翅果椭圆形，长1~1.2cm，翅较狭而厚；果柄细，长3~4mm。种子位于果实中央；花期9月，果期10月。

生态习性：喜光，稍耐阴。喜温暖气候，亦能耐－20℃的短期低温。喜肥沃、湿润土壤，亦有一定的耐干旱瘠薄能力，在酸性、中性和石灰性土壤的山坡、平原及溪边均能生长。对SO_2等有毒气体及烟尘的抗性较强。深根性，萌芽力强。

繁殖方式：种子繁殖、扦插繁殖，以种子繁殖为主。

适用河道：山丘区河道、平原区河道。

种植地带：常水位以上。

（9）**朴树** *Celtis sinensis* Pers.，**榆科，朴属**。

别　　名：黄果朴、紫荆朴、沙朴。

形态特征：落叶乔木，株高达20m，树冠扁圆形。树皮灰褐色，粗糙而不开裂，枝条平展。叶广卵形或椭圆形，长3.5~10cm，宽2~5cm，先端短渐尖，基部歪斜，边缘上半部有浅锯齿，叶柄长5~10cm，被柔毛。花1~3朵生于当年生枝叶腋。核果近球形，熟时橙红色，核果表面有凹点及棱背，单生或两个并生。花期4月，果10月成熟。

生态习性：阳性树种，喜光，稍耐阴；喜温暖湿润气候，耐水湿，有一定的抗旱与耐旱能力；喜深厚、湿润、肥沃中性黏壤土，耐轻盐碱土。抗烟尘、抗风能力强；对SO_2、Cl_2、HF具有一定抗性。

繁殖方式：种子繁殖。

适用河道：山丘区河道、平原区河道。

种植地带：常水位以上。

（10）**构树** *Broussonetia papyrifera* Linn.，**桑科，构树属**。

别　　名：楮桃、楮、楮树。

形态特征：落叶乔木，株高16m。树皮平滑，浅灰色。小枝粗壮，平展，红褐色，密生白色绒毛。叶阔卵形，长8~20cm，宽6~15cm，顶端锐尖，基部圆形或近心形，边缘有粗齿，3~5深裂，两面有厚柔毛；叶柄长3~5cm，密生绒毛；托叶卵状长圆形，早落。花雌雄异株；雄葇荑花序长6~8cm，雄花序头状，聚花果球形，直径约3cm，有橙红色小核果组成。花期5月上旬，果期8~9月。

生态习性：强阳性树种。适应性强，耐干冷亦耐湿热，耐干旱瘠薄，也能生长在水边。喜钙质土，可在酸性、中性土生长，能耐盐碱。抗有毒气体（SO_2、Cl_2）和烟尘能力强。生长快，分蘖力强，耐修剪。

繁殖方式：种子繁殖、分蘖繁殖、扦插繁殖、埋根繁殖。

适用河道：山丘区河道、平原区河道。

种植地带：常水位以上。

（11）**枫香** *Liquidamba formosana* Hance，**金缕梅科，枫香属**。

别　　名：枫树、枫香树。

形态特征：落叶乔木，高40m。树干挺直，树皮深灰色，浅纵裂。叶纸质，掌状3裂；叶柄长达11cm；托叶线形，红色，早落。花单性，雌雄同株，无花被，雄花排列成葇荑花序；雌花排列成头状花序。蒴果木质。种子褐色，有光泽，多角形或有狭翅。花期3~4月，果10月成熟。

生态习性：喜光，幼树稍耐阴。喜温暖湿润气候。不耐水涝，耐干旱瘠薄。在湿润、肥沃而深厚的红黄壤土上生长良好。深根性，抗风力强。

繁殖方式：种子繁殖、扦插繁殖、压条繁殖。

适用河道：山丘区河道、平原区河道。

种植地带：设计洪水位以上。

（12）**合欢** *Albizia julibrissin* Durazz.，**豆科，合欢属**。

别　　名：合欢树、绒花树、夜合花。

形态特征：落叶乔木，株高4~16m。树皮灰褐，密生皮孔。二回羽状复叶，羽片4~12对，小叶10~30对，长圆形至线形，两侧极偏斜，长6~12mm，宽1~4mm。头状花序多个排列成伞

房状圆锥花序，腋生或顶生；总花梗长约3cm；花淡红色。荚果线形，扁平，长9~15cm，宽1.2~2.5cm，幼时有毛。种子褐色，椭圆形。花期6月，果期9~11月。

生态习性：阳性树种，稍耐阴，喜温暖湿润的环境，耐严寒，夏季树皮不耐烈日。适应性强，耐干旱和瘠薄，在砂质土壤上生长较好。对SO_2、Cl_2、HCl等有毒气体有较强的抗性。

繁殖方式：种子繁殖。

适用河道：山丘区河道、平原区河道、沿海区河道。

种植地带：设计洪水位以上。

(13) **苦楝** *Melia azedarach* Linn.，**楝科，楝属。**

别　　名：楝、楝树、紫花树、苦楝树、翠树。

形态特征：落叶乔木，株高15~20m。树皮深灰色，纵裂。小枝粗壮，有白色皮孔。2~3回羽状复叶，互生，长约20~40cm；小叶卵圆形至椭圆形，长3~7cm，宽2~3cm，上面深绿色，下面淡绿色，边缘有钝锯齿，小叶柄3mm。圆锥花序，腋生，长与复叶相等；花淡紫色，有香味，长约1cm。核果近球形，熟时黄色，宿存枝头，经冬不落。花期5~6月，果期10~11月。

生态习性：强阳性树，不耐阴。喜温暖湿润气候。耐潮、风、水湿，但在积水处则生长不良，不耐干旱。对土壤要求不严，在酸性、中性、钙质及含盐量在0.4%以下的碱土上均能生长。主根不明显，侧根发达，须根较少，抗风力强。对SO_2等抗性强，具有吸滞粉尘和杀灭细菌的功能。

繁殖方式：种子繁殖、扦插繁殖，以种子繁殖为主。

适用河道：山丘区河道、平原区河道。

种植地带：常水位以上。

（14）**重阳木** *Bischofia polycarpa* (Level.) Airy-Shaw，**大戟科，重阳木属**。

别　　名：乌杨、茄冬树、红桐、水枧木。

形态特征：落叶乔木，高达10m。树皮棕褐或黑褐色，纵裂。全株光滑无毛，三出复叶互生，具长叶柄；叶片长圆卵形或椭圆状卵形，长6~14cm，宽4~7cm，先端突尖或渐尖，基部圆形或近心形，边缘有钝锯齿，两面光滑；叶柄长4~10cm。总状花序；花小，淡绿色，有花萼无花瓣；雄花序多簇生，花梗短细；雌花序疏而长，花梗粗壮。果实球形浆果状，熟时红褐或蓝黑色。种子细小，有光泽。花期4~5月，果期10~11月。

生态习性：喜光也稍耐阴，喜温暖湿润气候，耐寒能力弱。喜深厚肥沃的砂质土壤，对土壤的酸碱性要求不严。较耐水湿，抗风、抗有毒气体。

繁殖方式：种子繁殖、扦插繁殖。

适用河道：山丘区河道、平原区河道。

种植地带：常水位以上。

（15）**乌桕** *Sapium sebiferum* (Linn.)Roxb.，**大戟科，乌桕属**。

别　　名：腊子树、桕子树、木子树。

形态特征：落叶乔木，株高15m，树冠圆球形。树皮暗灰色，纵裂浅。枝广展，具皮孔，小枝纤细。单叶互生，纸质；叶片菱形、菱状卵形或稀有菱状倒卵形，长3~8cm，宽3~9cm，先端尾状，基部广楔形，全缘，两面光滑均无毛；叶柄纤细，长2.5~6cm。穗状花序顶生，花小，黄绿色；雌雄同株，聚集成顶生，长6~12cm的总状花序，雌花通常生于花序轴最下部，雄花生于花序轴上部或有时整个花序全为雄花。蒴果三棱状球形，熟时黑色，直径1~1.5cm，具3种子。种子扁球形，黑色，外被白色、蜡质的假种皮，经冬不落。花期5~6月，果期

8~10月。

生态习性：阳性树种，喜温暖湿润气候，耐潮湿。对土壤适应性较强，沿河两岸冲积土、平原水稻土，低山丘陵黏质壤土，砾质壤土都能生长，以深厚湿润肥沃的冲积土生长最好。能耐短期水淹，亦耐旱和抗风，长期干旱则发育不良。对酸碱度适应范围广，pH值在5.5~8范围内均能适应，含盐量在0.3%的盐碱地生长良好。多散生于堤岸、溪边或山坡。

繁殖方式：种子繁殖、扦插繁殖、嫁接繁殖。

适用河道：山丘区河道、平原区河道。

种植地带：常水位以上。

（16）**油桐** *Vernicia fordii* Hemsl.，**大戟科，油桐属**。

别　　名：油桐树、桐子树。

形态特征：落叶乔木，株高10m。树皮灰色，近光滑。枝条粗壮，无毛，具明显皮孔。叶互生，卵圆形，长8~18cm，宽6~15cm，顶端短尖，基部截形至浅心形，全缘，稀1~3浅裂。花雌雄同株，先叶或与叶同时开放；花瓣白色，有淡红色脉纹，倒卵形。核果近球形，直径4~6cm，有的可达8cm，果皮光滑。种子3~4颗，多的可达8颗，种皮木质。花期3~4月，果期8~9月。

生态习性：喜光，喜温暖湿润气候，稍耐寒。冬季短暂的低温（－8~－10℃）有利于油桐发育，但长期处在-10℃以下会引起冻害。耐干旱、不耐水湿。对土壤要求不严，富含腐殖质、土层深厚、排水良好、中性至微酸性砂质壤土最适油桐生长。

繁殖方式：种子繁殖。

适用河道：山丘区河道。

种植地带：设计洪水位以上。

（17）**白杜** *Euonymus maackii* Rupr.，**卫矛科，卫矛属**。

别　　名：丝棉木、名开夜合。

形态特征：落叶小乔木或灌木，株高6m。树冠圆形或卵形，树皮灰褐色，小枝绿色，近四棱形。叶对生，叶卵状椭圆形、卵圆形或窄椭圆形，长4~8cm，宽2~5cm，先端长渐尖，基部阔楔形或近圆形，边缘具细锯齿，有时极深而锐利；柄通常细长，常为叶片的1/4~1/3。聚伞花序腋生，淡白绿色或黄绿色。蒴果倒圆心状，成熟后果皮粉红色。种子长椭圆状，种皮棕黄色，假种皮橙红色。花期5~6月，果期9~10月。

生态习性：阳性树种，稍耐阴，耐寒，耐湿，亦较耐旱。耐瘠薄，对土壤要求不严，以肥沃、湿润土壤生长更好。中性土、微酸性土均能适应。

繁殖方式：种子繁殖、扦插繁殖、分株繁殖。

适用河道：山丘区河道、平原区河道。

种植地带：常水位以上。

（18）三角槭 *Acer buergerianum* Miq.，**槭树科，槭树属**。

别　　名：三角枫。

形态特征：落叶乔木，株高5~10m。树皮暗灰色，片状剥落。叶倒卵状三角形、三角形或椭圆形，长6~10cm，宽3~5cm，通常3裂，裂片三角形，近于等大而呈三叉状，顶端短渐尖，全缘或略有浅齿，表面深绿色，无毛，背面有白粉，初有细柔毛，后变无毛。伞房花序顶生，有柔毛；花黄绿色，发叶后开花；子房密生柔毛。翅果棕黄色，两翅呈镰刀状，中部最宽，基部缩窄两翅开展成锐角，小坚果突起，有脉纹。花期4~5月，果期9~10月。

生态习性：弱阳性树种，稍耐阴。喜温暖湿润气候，适生于中性至酸性土壤，在微碱性土中也可生长。耐寒，较耐水湿。萌芽力强，耐修剪。对SO_2抗性强。

繁殖方式：种子繁殖、扦插繁殖、压条繁殖。

适用河道： 山丘区河道、平原区河道。

种植地带： 常水位以上。

（19）**鸡爪槭** *Acer palmatum* Thunb.，**槭树科，槭树属**。

别　　名： 鸡爪枫、青枫、雅枫。

形态特征： 落叶小乔木，高可达10m，树冠扁圆形或伞形。树皮深灰色，小枝光滑，细长，紫色或灰紫色。叶片纸质，圆形；单叶对生，掌状7裂。5月开花，花紫色，伞形状伞房花序。翅果平滑，10月果熟，棕黄色。

生态习性： 喜温暖气候，适生于半阴环境。不耐水涝，较耐燥，较耐阴，在阳光曝晒及潮风影响的地方，生长不良；对SO_2和烟尘抗性较强。

繁殖方式： 嫁接繁殖、扦插繁殖。

适用河道： 山丘区河道、平原区河道。

种植地带： 设计洪水位以上。

（20）**黄山栾树** *Koelreuteria bipinnta* Franch. var. *integrifoliola* (Merr.) T. Chen，**无患子科，栾树属**。

别　　名： 全缘叶栾树、灯笼树、国庆花。

形态特征： 落叶乔木，高达15m。树冠伞形或圆球形。树皮暗灰色有纵裂，小枝深褐色。奇数羽状复叶或二回羽状复叶，互生，小叶7~15枚，长3~10cm。花金黄色，大型圆锥花序。蒴果，三角状卵形，由膜状果皮结合而成灯笼状，秋季果皮呈红色。花期6~7月，果期9~10月。

生态习性： 喜光，耐半阴，耐寒，耐干旱、瘠薄。适应性强，喜生于石灰质土壤，耐盐渍及短期水涝。深根性，萌蘖力强。对粉尘污染、SO_2有较强的抗性。

繁殖方式： 播种繁殖、分蘖繁殖、根插繁殖。

适用河道： 山丘区河道、平原区河道、沿海区河道。

种植地带： 设计洪水位以上。

（21）**喜树** *Camptotheca acuminate* Decne.，**蓝果树科，喜树属**。

别　　名： 旱莲木、千丈树。

形态特征： 落叶乔木，高达20~30m。树干高大通直，树冠卵形或圆形。树皮灰色至浅灰色，纵裂成浅沟状。当年生小枝黄绿色。单叶，互生；叶片纸质，卵状椭圆形或长圆形，长5~20cm，先端渐尖，基部宽楔形，上面亮绿色，无毛，下面疏被短柔毛，羽状侧脉弧形；叶柄长1.5~3cm，常带红色。花单性同株，头状花序；花小，淡绿色。翅果香蕉形，长2~2.5cm，两侧之翅较窄，常多数集生成球形，熟时黄褐色。花期7月，果期11月。

生态习性： 喜光，喜湿润肥沃土壤，不耐严寒干燥。生长快，深根性，为速生造林树种。较耐水湿，在酸性、中性、微碱性土壤均能生长，在石灰岩风化土及冲积土上生长良好。

繁殖方式： 种子繁殖。

适用河道： 山丘区河道、平原区河道。

种植地带： 常水位以上。

（22）**蓝果树** *Nyssa sinensis* Oliv.，**蓝果树科，紫树属**。

别　　名： 紫树、柅萨木。

形态特征： 落叶乔木，株高可达25m。树皮灰褐色，纵裂，成薄片状剥落。小枝紫褐色，有明显皮孔。单叶互生；叶片纸质，椭圆形或长椭圆形到卵状披针形，长约6~15cm，宽约4~8cm，边缘全缘或微波状，上表面深绿色，无毛，入秋后变紫色，背面脉上有长柔毛；叶柄长1.5~2cm。花序腋生，雌雄异株，雄花为伞形花序，雌花为头状花序。果椭圆形或长圆状倒卵形，长约1~1.2cm，熟时蓝紫色，后变深褐色，外被白粉，果核具5~7条纵沟纹。花期4~7月，果期7~10月。

生态习性：喜光，幼树稍耐阴。喜温暖湿润气候，较耐寒。在土层深厚、富含腐殖质的酸性土壤上长势较好，也能耐干旱瘠薄。根系发达，深根性，主根粗长，抗风力强，寿命长。

繁殖方式：种子繁殖。

适用河道：山丘区河道、平原区河道。

种植地带：设计洪水位以上。

（23）**柿树** *Diospyros* kaki Thunb.，**柿科，柿属**。

别　　名：柿、朱果、猴枣。

形态特征：落叶乔木，株高4~9m。主干暗褐色，树皮鳞片状开裂，幼枝有绒毛。叶质肥厚，椭圆状卵形至长圆形或倒卵形，长6~18cm，宽3~9cm，表面深绿色，有光泽，背面淡绿色，疏生褐色柔毛；叶柄长l~1.5cm，有毛。花黄色，雌雄异株或同株；雄花每3朵集生或成短聚伞花序；雌花单生于叶腋。浆果卵圆形成扁球形，直径3~8cm，橘红色或橙黄色，有光泽。花期6月，果期9~10月。

生态习性：阳性树种，喜温暖气候，耐寒。耐干旱、耐水湿。对土壤要求不严，以土层深厚而保水较好的土壤为宜，适生于中性土壤，但较能耐瘠薄，不耐盐碱。

繁殖方式：种子繁殖、嫁接繁殖。

适用河道：山丘区河道、平原区河道。

种植地带：设计洪水位以上。

8.2.2 灌木树种

1.常绿灌木

（1）**杨梅** *Myrica rubra*（Lour.）Sieb. et Zucc.，**杨梅科，杨梅属**。

别　　名：山杨梅、火实、朱红、珠蓉、梅树。

形态特征： 常绿灌木，高15m。树冠近球形。树皮灰色，老时浅纵裂。幼枝及萌芽枝上的叶片长椭圆状或楔状披针形，长达16cm，先端渐尖或急尖，基部楔形，中部以上具稀疏的尖锐锯齿；生于孕性枝上者为楔状倒卵形，长5~14cm，先端圆钝或急尖，基部楔形，全缘或稀中部以上具疏齿，上面深绿色，下面淡绿色，均无毛。花雌雄异株，稀同株；雄花序圆柱状，暗红色，长1~4cm；雌花序长0.5~1.5cm。核果球形，表面具乳头状凸起，熟时深红色、紫红色或白色，多汁液。花期3~4月，果期6~7月。

生态习性： 喜湿稍耐阴。怕高温，不耐酷热。以质地疏松、含有石砾、排水良好、pH在4~5范围内的砂质红壤土为宜，中性及微碱性土上也可生长。对SO_2、Cl_2等有毒气体的抗性较强。

繁殖方式： 种子繁殖、压条繁殖、嫁接繁殖。

适用河道： 山丘区河道。

种植地带： 设计洪水位以上。

（2）**南天竺** *Nandina domestica* Thunb.，**小檗科，南天竺属**。

别　　名： 南天竹、蓝田竹、天竺、兰竹。

形态特征： 常绿灌木，丛生状。茎干直立，少分枝。叶互生，2~3回单数羽状复叶；小叶对生、革质、椭圆状披针形，全缘，深绿色冬季常变红色。圆锥花序顶生，花白色而小，5~7月开放。浆果球形，鲜红色，11月成熟。

生态习性： 喜光，耐阴。喜温暖湿润气候，耐寒、不耐旱。耐微碱性土壤，喜含腐殖质丰富的沙壤土。多生于湿润的沟谷旁、疏林下或灌丛中。

繁殖方式： 种子繁殖、分株繁殖、扦插繁殖。

适用河道：山丘区河道、平原区河道。

种植地带：设计洪水位以上。

（3）**海桐** *Pittosporum tobira* (Thunb.) Ait.，**海桐科，海桐属**。

别　　名：海桐花、山矾。

形态特征：常绿灌木或小乔木，高达3m。树冠球形。干灰褐色，枝条近轮生，嫩枝绿色。单叶互生，有时在枝顶呈轮生状；叶片厚革质狭倒卵形，长5~12cm，宽1~4cm，全缘，顶端钝圆或内凹，基部楔形，边缘常略外反卷，表面亮绿色，新叶黄嫩。聚伞花序顶生；花白色或带黄绿色，芳香。10月果熟，蒴果近球形，有棱角，初为绿色，后变黄色，成熟时三瓣裂，露出鲜红色种子。花期5月，果期9~10月。

生态习性：喜光，亦较耐阴。喜温暖湿润气候，有一定的抗寒力。适应性强，耐盐碱，对土壤要求不严，黏土、沙土、偏碱性土及中性土均能适应。

繁殖方式：种子繁殖、扦插繁殖。

适用河道：山丘区河道、平原区河道、沿海区河道。

种植地带：常水位以上。

（4）**小叶蚊母树** *Distylium buxifolium* (Hance) Merr.，**金缕梅科，蚊母属**。

别　　名：小叶蚊母、节节红。

形态特征：常绿小灌木，株高1~2m，成丛生长，侧枝多，树形紧凑。嫩枝无毛或稍被柔毛，紫褐色；成熟枝呈黑褐色，芽被褐色柔毛。叶倒披针形或长圆状倒披针形；嫩叶淡绿色、淡黄绿色、紫红色或粉红色，呈半透明状，成熟叶深绿色。穗状花序，花序轴被毛，苞片条状披针形，萼片披针形，花期2~4月，花红色或紫红色。果长

7~8cm，被星状绒毛。

生态习性： 喜阳耐阴。喜温暖湿润气候，对温度的适应性强。有较强的抗旱和耐水淹能力。对土壤适应性广，可在砾质土、砂质土、黏质土等多种类型土壤中生长，较耐瘠薄，但在肥沃疏松排水良好的壤土中生长最好。

繁殖方式： 种子繁殖、扦插繁殖。

适用河道： 山丘区河道、平原区河道。

种植地带： 常水位以上。

(5) **火棘** *Pyracantha fortuneana* (Maxim.) Li，**蔷薇科，火棘属**。

别　　名： 火把果、救兵粮、救军粮、救命粮。

形态特征： 常绿灌木，高达3m。侧枝短，先端成刺状，嫩枝外被锈色短柔毛，老枝暗褐色，无毛。叶片倒卵形或倒卵状长圆形，长1.5~6cm，宽0.5~2cm，先端圆钝或微凹，基部楔形；叶柄短，无毛或嫩时有柔毛。花集成复伞房花序，直径3~4cm，花直径约1cm；花瓣白色。果实近球形，直径约5mm，橘红色或深红色。花期3~5月，果期9~11月。

生态习性： 喜光，稍耐阴，可耐受－6℃左右的低温。耐贫瘠，耐干旱，不择土壤，抗逆性强。

繁殖方式： 种子繁殖、扦插繁殖。

适用河道： 山丘区河道、平原区河道。

种植地带： 设计洪水位以上。

(6) **硕苞蔷薇** *Rosa bracteata* Wendl.，**蔷薇科，蔷薇属**。

别　　名： 野毛栗、糖钵。

形态特征： 常绿匍匐灌木，高1~5m。茎蔓生或匍匐状，被黄褐色绒毛，并具粗壮的钩状皮刺。单数羽状复叶，小叶5~9，倒卵形或椭圆形，长1.5~5cm，先端钝或微尖，边缘具小钝锯齿，上面光亮，下面中脉光滑或有柔毛。花大，单生，或2~3朵聚生，直径5~7cm，白色，

芳香。果实圆球形，直径3~3.5cm，褐色，被灰黄色绵毛，内含多数骨质的浆果。花期5~6月，果期10~11月。

生态习性： 喜温暖湿润气候，喜光亦耐阴，耐贫瘠。生于溪边、路旁和灌丛中。

繁殖方式： 种子繁殖、扦插繁殖、分株繁殖。

适用河道： 山丘区河道、平原区河道。

种植地带： 常水位以上。

（7）**枸骨冬青** *Ilex cornuta* Lindl. et Paxt.，**冬青科，冬青属**。

别　　名： 鸟不宿、猫儿刺。

形态特征： 常绿灌木或小乔木，株高3~8m。树皮灰白色，平滑，小枝粗壮，当年生枝具纵棱，无毛。叶硬革质，矩圆形，长4~8cm，宽2~4cm，先端3个尖硬刺齿，基部平截，两侧各有1枚或2枚尖硬刺齿，叶缘向下反卷，上面深绿色有光泽，背面淡绿色。花小，黄绿色，簇生于2年生枝叶腋。核果球形，鲜红色，径8~10mm，具4核。花期4~5月，果期9~11月。

生态习性： 喜光，耐阴。喜温暖湿润气候，稍耐寒。耐水湿。喜排水良好、肥沃深厚的酸性土，中性或碱性土壤亦能生长。深根性，萌芽力强，耐修剪。耐烟尘，抗SO_2和Cl_2。

繁殖方式： 种子繁殖、扦插繁殖。

适用河道： 山丘区河道、平原区河道。

种植地带： 常水位以上。

（8）**小蜡** *Ligustrum sinense* Lour.，**木犀科，女贞属**。

别　　名： 黄心柳、水黄杨、千张树。

形态特征： 常绿灌木，高2~5m。枝条密生短柔毛。单叶对生；叶薄革质，椭圆形，长3~5cm，宽1~3cm，先端钝或急尖，基部宽楔形或楔形，背面沿中脉有短柔毛；叶柄长

2~5mm。圆锥花序长5~9cm，花轴有短柔毛；花白色，芳香。花期4~5月。11月果熟，浆果状核果，近圆形。

生态习性：喜光，稍耐阴，较耐寒，对土壤的要求不高。抗SO_2等多种有毒气体。耐修剪。

繁殖方式：种子繁殖、扦插繁殖。

适用河道：山丘区河道、平原区河道。

种植地带：常水位以上。

（9）**夹竹桃** *Nerrium indicum* Mill.，**夹竹桃科，夹竹桃属**。

别　　名：红叶夹竹桃、柳叶桃树、洋桃、柳叶树。

形态特征：常绿大灌木，高达5m，无毛。叶3~4枚轮生，在枝条下部为对生；窄披针形，长11~15cm，宽2~2.5cm，下面浅绿色；侧脉扁平，密生而平行。夏季开花，花桃红色或白色，成顶生的聚伞花序。蓇葖果矩圆形；种子顶端具黄褐色种毛。花期6~10月，果期12月至翌年1月。

生态习性：喜光，喜温暖湿润气候，不耐寒。耐干旱瘠薄。对土壤要求不严，对微酸、微碱土壤都能适应，以疏松肥沃的土壤为适。对SO_2、HF、Cl_2等有较强的抗性。

繁殖方式：扦插繁殖、压条繁殖。

适用河道：山丘区河道、平原区河道、沿海区河道。

种植地带：常水位以上。

（10）**水团花** *Adina pilulifera* (Lam.) Franch. ex Drake，**茜草科，水团花属**。

别　　名：水杨梅、假马烟树。

形态特征：常绿灌木或小乔木，株高5m。小枝褐色，具皮孔，无毛或仅幼枝被微毛。叶片纸质或坚纸质，倒卵状披针形或长椭圆形，长4~10cm，宽1~3cm，先端渐尖至长渐尖而略钝，基部楔形，全缘，两面无毛，有时下面脉腋内有束毛，侧脉8~10对；叶柄长3~9mm，无

毛或被微毛；托叶深裂，裂片三角状披针形。头状花序单一或2~3个顶生或腋生；花冠长约5mm，紫红色。蒴果楔形，长3~4mm，具纵棱。花期6~8月，果期9~11月。

生态习性：喜温暖湿润环境，较耐阴，根系发达、耐水湿。常生于山谷疏林下、旷野路边或溪涧旁的石隙中。

繁殖方式：种子繁殖、扦插繁殖。

适用河道：山丘区河道、平原区河道。

种植地带：常水位至设计洪水位。

（11）**孝顺竹** *Bambusa glaucescens* (Will.) Sieb. ex Munro，**禾本科，蓟竹属**。

别　　名：凤凰竹、蓬莱竹、慈孝竹。

形态特征：秆高3~6m。直径1~2cm，节间长20~40cm。箨鞘厚纸质，先端左右不均齐，初绿色，后淡棕色，外面无毛，内面光滑，长约为节间的1/4~3/4；箨耳缺如或微弱；箨舌高仅1mm，全缘或具细缺刻；箨片外面基部有时可有刺毛；叶鞘无毛；叶舌平，高仅0.5mm；叶片质薄，上面深绿色。花枝不具叶；小穗单生或数枚簇生于花枝各节上；小穗轴劲直，无毛；外稃绿色，背部微呈红色，无毛；内稃稍短于外稃，先端有一束小笔毫状之纤毛。笋期8~11月。

生态习性：喜光，稍耐阴。喜温暖、湿润环境，不甚耐寒。能耐短期水淹，但长期的地下水位过高则生长不良，甚至死亡。喜深厚肥沃、排水良好的土壤。多生在山谷间，小河旁。

繁殖方式：种子繁殖，但以移植母竹（分兜栽植）为主，亦可埋兜繁殖、埋秆繁殖、埋节繁殖。

适用河道：山丘区河道、平原区河道。

种植地带：常水位以上。

2. 落叶灌木

(1) **银叶柳** *Salix cheinii* Cheng，**杨柳科，柳属**。

别　　名：小叶杨柳、白水杨柳。

形态特征：灌木或小乔木。树干通常弯曲，树皮褐色，纵裂。小枝直立，幼时有短柔毛，后无毛。叶片长椭圆形或披针形，长2.5~3.5cm（最长可达5.5cm），宽0.8~1.8cm，侧脉8~12对，边缘具细浅锯齿；叶柄长约1mm，有绢状毛。花序与叶同时或稍先叶开放。雄花序圆柱状，长1.5~3cm，雌花序长1.2~1.8cm。雌、雄花序基部均有3~7片较小的叶。蒴果卵状长圆形，长3cm。花期4月，果期5月。

生态习性：阳性树种，稍耐阴。喜温暖湿润气候，不耐寒。不择土壤，耐贫瘠，耐水湿、不耐干旱。自然生长海拔500m以下山溪河流两岸。

繁殖方式：种子繁殖、扦插繁殖，以扦插繁殖为主。

适用河道：山丘区河道、平原区河道。

种植地带：常水位以上，以种植在常水位附近生长最好。

(2) **桑树** *Morus alba* Linn.，**桑科，桑属**。

别　　名：桑、家桑、白桑。

形态特征：落叶灌木或小乔木，高3~7m或更高。树皮灰白色，常有条状裂缝。枝折断后有乳汁流出。叶互生；卵形至广卵形，长5~15cm，宽3~12cm，先端急尖或钝，基部圆形、浅心形或稍偏斜。花单性，雌雄异株，穗状花序腋生；雄花序长1~3cm，雄花序长0.5~1cm。聚花果（桑葚）长1~2.5cm，黑紫色或白色。花期4~5月，果期5~6月。

生态习性：喜阳，稍耐阴。耐寒，耐热，能耐－35℃

的低温和40℃高温。耐旱，不耐涝。适应性强，在微酸、中性、微碱及钙质土皆能生长。对SO_2具有中等抗性。

繁殖方式：种子繁殖、扦插繁殖、压条繁殖。

适用河道：山丘区河道、平原区河道、沿海区河道。

种植地带：常水位以上。

（3）**紫穗槐** *Amorpha fruticosa* Linn.，**豆科，紫穗槐属**。

别　　名：椒条、棉条、棉槐、紫槐、槐树。

形态特征：落叶灌木，高达4m。茎丛生，青灰色，初有短柔毛，后光滑。奇数羽状复叶，小叶11~25片；小叶片长椭圆形或长卵形，长1.5~4cm，宽0.6~1.5cm。穗形总状花序，顶生或生于近枝顶叶腋，长7~15cm，花密集；花梗纤细，长约1.5mm。荚果深褐色，顶端有小尖头，表面有隆起油腺点。种子棕色，狭长圆形，长约5mm；顶端上弯，有光泽。花期5~6月，果期7~9月。

生态习性：阳性树种，气候适应性广。耐寒、耐旱、耐湿、耐盐碱、抗风沙。对土壤要求不严，在荒山坡、道路旁、河岸、盐碱地均可生长。根系发达，浅层根系密生根瘤，改土作用强。

繁殖方式：种子繁殖、扦插繁殖、分株繁殖。

适用河道：山丘区河道、平原区河道、沿海区河道。

种植地带：常水位以上。

（4）**黄槐决明** *Cassia surattensis* Burm. f.，**豆科，决明属**。

别　　名：黄槐、凤凰花、粉叶决明。

形态特征：灌木，高5~7m。茎皮灰褐色，幼枝被微柔毛。偶数羽状复叶；叶柄及最下部2~3对小叶间的叶轴上有2~3枚棒状腺体；小叶5~10对，长2~5cm，宽1~1.5cm，先端圆钝或微凹，下面粉白色，被疏散、紧贴的长柔毛；托叶线形，早落。长椭圆形或卵形总状花序，生于枝上部叶腋，长5~8cm；花鲜黄色，花瓣长约2cm。荚果带状，扁平，开裂，长7~10cm，宽约1cm，花果全年不绝。

生态习性：喜光，耐阴。喜温暖湿润气候，耐热、耐旱、不耐寒。

繁殖方式：种子繁殖。

适用河道：山丘区河道、平原区河道。

种植地带：常水位以上。

（5）**紫荆** *Cercis chinensis* Bunge，**豆科，紫荆属**。

别　　名：裸枝树、满条红、红珠。

形态特征：落叶灌木或小乔木，高2~4m。枝干丛生。单叶互生，心形，长6~13cm，全缘。花先叶开放，多数簇生于老枝上；花萼阔钟状。荚果扁平，长3~10.5cm，宽1.3~1.5cm，沿腹缝线处有狭翅。种子扁。花期4~5月，果期9~10月。

生态习性：喜光，有一定的耐寒性。喜肥沃、排水良好的土壤，不耐淹。萌蘖性强，耐修剪。喜光。不甚耐寒，喜肥厚、湿润的土壤，忌水涝，抗Cl_2。

繁殖方式：种子繁殖、分株繁殖、压条繁殖。

适用河道：山丘区河道、平原区河道。

种植地带：设计洪水位以上。

（6）**马棘** *Indigofera pseudotinctoria* Mastum.，**豆科，木篮属**。

别　　名：狗牙草、蓝果枝子。

形态特征：落叶小灌木，高1~3m。茎直立，分枝多。枝细长，幼枝灰褐色，明显有棱，被丁字毛。单数羽状复叶，互生；叶长3.5~6cm，叶柄长1~1.5cm；小叶2~5对，对生，椭圆形、倒卵形或倒卵状椭圆形，长1~2.5cm，宽0.5~1.5cm。夏季开花，叶腋抽出穗式总状花序，蝶形花冠红紫色。荚果线状圆柱形，幼时密生丁字毛，熟后暗紫色，内有肾状种子数粒，种子椭圆形。花期7~8月，果期9~11月。

生态习性：耐热、耐干旱、耐瘠薄，适应性强，抗逆性强，在岩石山、风化石山等偏碱性土壤中生长良好。生于林缘及灌木丛中。

繁殖方式：种子繁殖。

适用河道：山丘区河道、平原区河道。

种植地带：常水位以上。

（7）**美丽胡枝子** *Lespedeza formosa* (Vog.) Koehne，**豆科，胡枝子属**。

别　　名：马扫帚、马拂帚。

形态特征：落叶灌木，高2m以上。干皮黑褐色，有细纵棱，密被白色短柔毛。3小叶复叶，叶轴长1~5cm，小叶椭圆状或卵状椭圆形，长1.5~6cm，宽1~4cm，先端急尖或钝圆，背面密被白柔毛，小叶叶柄粗壮，长约2mm，托叶披针形或线状披针形，长4~6mm，常宿存。总状花序，较叶轴长，单生或排成圆锥状，苞片和小苞片卵形或卵状披针形，总花梗及小花梗均被白色柔毛，花冠紫红色，长约1cm。荚果卵形或矩圆形，长8mm，宽4mm，表面具网纹且被疏柔毛。花期8~10月，果期10~11月。

生态习性：阳性树种，稍耐阴。适应性很强，耐寒、耐旱，也耐水湿，耐瘠薄，但在湿润肥沃土壤中生长更好。萌芽性强，根系发达。

繁殖方式：种子繁殖。

适用河道：山丘区河道、平原区河道、沿海区河道。

种植地带：常水位以上。

（8）**野桐** *Mallotus japonicus* (Thunb.) Muell. -Arg. var. *floccosus* (Muell.-Arg.) S. M. Hwang，**大戟科，野桐属**。

形态特征：落叶灌木或小乔木，为野梧桐的变种。高3~7m，幼枝被星状绒毛。叶宽卵形或宽三角状圆形，基部宽楔形，或近心形，长6~12cm，全缘或不规则3裂，下面被灰白色或褐色星状毛及黄色腺点；叶柄长3~9cm。总状花序顶生，不分枝。蒴果，球形。花期6~7月，果期8~10月。

生态习性：喜光，喜温暖湿润气候，不耐寒。耐干旱、耐瘠薄，对土壤要求不严。河道中较常见。

繁殖方式：种子繁殖。

适用河道：山丘区河道、平原区河道。

种植地带：常水位以上。

（9）**盐肤木** *Rhus chinensis* Mill.，**漆树科，盐肤木属。**

别　　名：五倍子树、五倍子、红叶桃、盐树根。

形态特征：落叶灌木或小乔木。小枝有皮孔，小枝、叶柄和花序均密被锈色柔毛。叶互生，奇数羽状复叶，长25~45cm，叶轴具宽翅，有小叶7~13片；小叶卵形或卵状长圆形，长3~11cm，宽3~6cm，小叶边缘有粗锯齿。圆锥花序顶生，直立，雄花序长10~40cm，雌花序较短；花小，乳白色。果扁圆形，橘红色。花期7~8月，果期10~11月。

生态习性：喜光，喜温暖湿润气候，也能耐一定寒冷。适应性强，对土壤要求不严，酸性、中性或石灰岩的碱性土壤上都能生长，耐干燥瘠薄，不耐水湿。在土层深厚，湿润的环境生长较好。

繁殖方式：种子繁殖、分蘖繁殖、扦插繁殖、压条繁殖。

适用河道：山丘区河道、平原区河道。

种植地带：设计洪水位以上。

（10）**海滨木槿** *Hibiscus hamabo* Sieb. et Zucc.，**锦葵科，木槿属**。

别　　名：海槿、海塘树。

形态特征：落叶灌木，高可达1~2.5m。分枝多，树皮灰白色。叶片近圆形，厚纸质，长3~6cm，宽3.5~7cm，先端圆形或具平截，有突尖，基部圆形或浅心形，两面密被灰白色星状毛。花两性，金黄色，花单生于枝端叶腋，花冠钟状，直径5~6cm，花瓣呈倒卵形。蒴果三角状卵形。花期6~8月，果期8~9月。

生态习性：阳性树种，略耐阴。喜温暖湿润气候，耐寒。耐瘠薄、耐旱、耐水湿。对土壤要求不严，耐盐碱。根系发达，抗风力强。抗污染性强。

繁殖方式：种子繁殖、扦插繁殖。

适用河道：平原区河道、沿海区河道。

种植地带：常水位以上。

（11）**木芙蓉** *Hibiscus mutabilis* Linn.，**锦葵科，木槿属**。

别　　名：芙蓉花、酒醉芙蓉。

形态特征：落叶灌木或小乔木，高2~5m。茎灰褐色，密被星状短柔毛。叶卵圆心形，直径10~15cm，常5~7裂，裂片三角形，边缘有钝齿；主脉7~11条；叶柄长5~20cm。花着生枝端或单生叶腋；花梗长5~8cm，顶端近花基部有节；花萼钟形，长2.5~3cm；花冠白色或淡红色，后变深红色，单瓣或重瓣。蒴果扁球形，被黄色刚毛及绵毛。花期8~11月，果期12月。

生态习性：喜阳，略耐阴；喜温暖湿润环境，不耐寒。忌干旱，耐水湿。对土壤要求不高，瘠薄土地亦可生长。

繁殖方式：分株繁殖、扦插繁殖、种子繁殖，以扦插繁殖为主。

适用河道：山丘区河道、平原区河道。

种植地带：常水位以上。

（12）**木槿** *Hibiscus syriacus* Linn.，**锦葵科，木槿属**。

别　　名：木棉、荆条、朝开暮落花、喇叭花。

形态特征：落叶灌木，高2~4m。叶菱状卵圆形，长3~6cm，宽2~4cm，常3裂，基部楔形，下面有毛或近无毛；叶柄长5~25mm；托叶条形，长约为花萼之半。花单生叶腋，花梗长4~14mm，有星状短毛；小苞片条形，长6~15mm，有星状毛；萼钟形；花冠钟形，淡紫、白、红等色，直径约5~6cm。蒴果卵圆形，直径12mm，密生星状绒毛。花期7~9月，果期9~11月。

生态习性：喜阳光也能耐半阴。喜温凉湿润气候，耐寒，生长适温15~28℃。不耐干旱。对土壤要求不严，中性至微酸性土壤都可以生长。对SO_2、Cl_2等有害气体具有很强的抗性，同时又有滞尘的功能。

繁殖方式：扦插繁殖、种子繁殖。

适用河道：山丘区河道、平原区河道。

种植地带：常水位以上。

（13）**柽柳** *Tamarix chinensis* Lour.，**柽柳科，柽柳属**。

别　　名：三春柳、观音柳、红筋条、红荆条。

形态特征：落叶灌木或小乔木，高2~5m。老枝深紫色或紫红色，嫩枝深绿色，小枝纤细下垂。叶互生，披针形，鳞片状，小而密生，长1~3mm。总状花序集生于当年枝顶，组成圆锥状复花序；花小而密，粉红色，夏秋开花，有时一年开3次花。蒴果长约3.5mm。花期5~9月，果期

6~10月。

生态习性：温带及亚热带树种。喜光、不耐阴、耐寒。耐旱，亦耐水湿，极耐盐碱、根系发达，萌生力强，极耐修剪。

繁殖方式：种子繁殖、扦插繁殖、分株繁殖，通常用扦插繁殖。

适用河道：平原区河道、沿海区河道。

种植地带：常水位以上。

（14）**紫薇** *Lagerstroemia indica* Linn.，**千屈菜科，紫薇属**。

别　　名：痒痒花、痒痒树、紫金花、紫兰花。

形态特征：落叶灌木或小乔木，株高9m。树皮光滑，片状脱落，灰白色或灰褐色。幼枝略呈四棱形，稍成翅状。叶互生或对生，近无柄；椭圆形、倒卵形或长椭圆形，长3~7cm，宽1.5~4cm，光滑无毛或沿主脉上有毛。圆锥花序顶生，长4~20cm，直径3~4cm；花萼6浅裂，裂片卵形，外面平滑；花瓣淡红色或淡紫色，边缘有不规则缺刻。蒴果椭圆状球形，长8~13mm。种子有翅。花期7~9月，果期9~11月。

生态习性：亚热带阳性树种，喜光，稍耐阴。喜温暖气候，耐寒性不强。喜肥沃、湿润而排水良好的石灰性土壤，好生于略有湿气之地，亦耐干旱。萌生性强，生长较慢，寿命长。对SO_2、HF及Cl_2的抗性强，有较好的吸滞粉尘能力。开花早，寿命长，萌芽力强，耐修剪。

繁殖方式：种子繁殖、扦插繁殖、分生繁殖、压条繁殖、嫁接繁殖。

适用河道：山丘区河道、平原区河道。

种植地带：设计洪水位以上。

（15）**石榴** *Punica granatum* Linn.，**安石榴科，安石榴属**。

别　　名：安石榴、山力叶、单若、若榴木。

形态特征：落叶灌木，高可达5~7m。树干呈灰褐色，上有瘤状突起，干多向左方扭转。树冠丛状，分枝多，嫩枝有棱，多呈方形。叶对生或簇生，呈长披针形至长圆形，或椭圆状披针形，长2~8cm，宽1~2cm，顶端尖，表面有光泽；有短叶柄。花生于枝顶或腋生，花萼钟形，花瓣皱缩，花色多，有单瓣、重瓣的不同。浆果。花期6~7月，果期9~10月。

生态习性：喜光，有一定的耐寒能力。喜湿润、肥沃的石灰质土壤，较耐瘠薄和干旱，怕水淹。

繁殖方式：扦插繁殖、分株繁殖。

适用河道：山丘区河道、平原区河道、沿海区河道。

种植地带：设计洪水位以上。

（16）**山茱萸** *Cornus officinalis* Sieb. et Zucc.，**山茱萸科，山茱萸属**。

别　　名：山萸肉、枣皮、蜀枣、枣肉、药枣、红枣皮。

形态特征：落叶灌木或小乔木。老枝黑褐色，嫩枝绿色。叶对生，卵状椭圆形或卵形，长5~12cm，宽约7.5cm，顶端尖，基部浑圆或楔形，表面疏生柔毛，背面毛较密，侧脉6~8对；叶柄长约1cm。伞形花序腋生，先叶开花，有4个小型苞片，卵圆形，褐色；花黄色；核果椭圆形，成熟时红色。花期5~6月，果期8~10月。

生态习性：苗期耐阴，成树喜光。喜温暖、湿润及半阴的环境，耐寒。喜肥沃、湿润、疏松的砂质壤土，在干燥瘠薄地方生长不良。

繁殖方式：种子繁殖、扦插繁殖。

适用河道：山丘区河道、平原区河道。

种植地带：常水位以上。

（17）**白檀** *Symplocos paniculata* (Thunb.) Miq.，**山矾科，山矾属**。

别　　名：碎米子树、乌子树。

形态特征：落叶灌木或小乔木，株高5m。树皮灰褐色，条裂或小片状剥落。小枝灰绿色，幼时密被绒毛。叶互生，纸质，卵状椭圆形或倒卵状圆形，长3~9cm，宽2~4cm，边缘有细锯齿，中脉在表面凹下。花白色，芳香，圆锥花序生于新枝顶端或叶腋，长4~8cm，花梗被柔毛。核果成熟时蓝黑色，斜卵状球形。花期5~6月，果期10月。

生态习性：喜光也稍耐阴，喜温暖湿润气候，耐寒。适应性强，抗干旱，耐瘠薄，以深厚肥沃的砂质壤土生长最为良好。常生长在河溪两岸、村边地头。

繁殖方式：种子繁殖。

适用河道：山丘区河道、平原区河道。

种植地带：常水位以上。

（18）**白棠子树** *Callicarpa dichotoma* (Lour.) K. Koch，**马鞭草科，紫珠属。**

别　　名：紫珠。

形态特征：落叶灌木，高1~2.5m。小枝细长，略呈四棱形，淡紫色，嫩梢略有星状毛。叶片纸质，倒卵形，长3~6cm，宽1~2.5cm，先端急尖至渐尖，基部楔形，边缘上半部疏生锯齿，两面近无毛，下面密生下凹的黄色腺点；叶柄长2~5cm。聚伞花序着生于叶腋上方，2次或3次分歧；总花梗纤细，长1~1.5cm；花萼无毛而有腺点，顶端有不明显的裂齿；花冠淡紫红色，长约2mm，无毛。核果球形，紫色，径约2mm。花期6~7月，果期9~11月。

生态习性：亚热带树种，适应性强，常生于海拔700m以下的低山丘陵、溪沟边或山坡灌丛中。喜温暖湿润气候，对土壤要求不甚严格，但喜肥沃湿润的土壤，在溪沟边卵石滩上也能生长良好。较耐寒，喜光，也能耐阴。根系发达，萌蘖性强。

繁殖方式：种子繁殖、扦插繁殖、分株繁殖。

适用河道：山丘区河道、平原区河道。

种植地带：常水位以上。

（19）**海州常山** *Clerodendrum trichotomum* Thunb.，**马鞭草科，大青属。**

别　　名：臭梧桐、炮火桐、臭梧、后庭花。

形态特征：落叶灌木或小乔木，高1~6m。嫩枝棕色短柔毛。单叶对生，纸质；叶卵圆形，长5~16cm，先端渐尖，基部多截形，全缘或有波状齿，两面近无毛；叶柄2~8cm。伞房状聚伞花序着生顶部或腋间，长6~15cm，苞片叶状，狭椭圆形；花萼紫红色5裂至基部；花冠细长筒状，白色或粉红色。核果球状，蓝紫色。整个花序可同时出现红色花萼，白色花冠和蓝紫色果实的丰富色彩。花果期7~11月。

生态习性：喜光，较耐寒、耐旱，也喜湿润土壤，能耐瘠薄土壤，但不耐积水。适应性强，栽培管理容易，病虫害少。

繁殖方式：种子繁殖、扦插繁殖、分株繁殖。

适用河道：山丘区河道、平原区河道。

种植地带：常水位至设计洪水位。

（20）**牡荆** *Vitex negundo* Linn.var. *cannabifolia* (Sieb.et Zucc.) Hand. -Mazz.，**马鞭草科，牡荆属。**

别　　名：布荆、荆条、五指风、五指柑。

形态特征：落叶灌木或小乔木，高1~3m。小枝四棱形。叶对生，掌状复叶；小叶片披针形或椭圆状披针形，顶端渐尖，基部楔形，边缘有粗锯齿，上面绿色，背面淡绿色，疏生短柔毛。圆锥花序顶生，长20cm以上；花冠淡紫色。果实近球形，黑色。花期6~7月，果期8~11月。

生态习性：喜光，耐阴，耐寒。对土壤要求不严，耐瘠薄，适应性强。能在石灰岩、石英岩、云母片岩、紫色页岩、泥质岩等母质发育形成的土壤上正常生长，尤以土层深厚、湿润肥沃的沙壤土上生长最佳。

繁殖方式：种子繁殖、分株繁殖。

适用河道：山丘区河道、平原区河道。

种植地带：常水位以上。

（21）**细叶水团花** *Adina rubella* Hance，**茜草科，水团花属**。

别　　名：水杨梅、木本水杨梅。

形态特征：落叶小灌木，高2m。小枝红褐色，被柔毛。叶对生，厚纸质，卵状披针形或卵状椭圆形，长3~4cm，宽0.8~1.5cm，表面深绿色，有光泽，背面侧脉有微毛；叶柄极短。头状花序，通常单一顶生，直径约10mm；总花梗长2~4.5cm，密被微柔毛，花冠紫红色。蒴果长卵状楔形，长约4mm。花期6~7月，果期8~10月。

生态习性：喜光，喜温暖湿润气候， 较耐寒，不耐高温和干旱，喜砂质土，酸性、中性都能适应，以肥沃酸性的沙壤土为佳。耐水淹，耐冲刷。常生长在溪边、沙滩或山谷沟旁。

繁殖方式：种子繁殖、扦插繁殖。

适用河道：山丘区河道、平原区河道。

种植地带：常水位至设计洪水位，以种植在常水位附近生长最好。

（22）**水马桑** *Weigela japonica* Thunb.var. *sinica* (Rehd.) Bailey，**忍冬科，锦带花属**。

别　　名：粗糠树、千羊白、白马桑。

形态特征：落叶灌木或小乔木，高2.5~6m。幼枝四方形，有2列柔毛，老枝无毛。叶对生，薄纸质；叶片长卵形，卵状椭圆形或倒卵形，长5~15cm，宽2.5~6cm，先端渐尖，基部宽楔形或圆形，边缘具细锯齿，上面深绿色，疏生短柔毛，下面淡绿色，密生短柔毛；叶柄长5~15mm，有柔毛。聚伞花序具1~3花，生于短枝叶腋或顶端；花冠钟形，白色间淡红色。蒴果狭长，长1~2 cm。花期5~ 6月，果期8月。

生态习性：喜光、耐寒，适应性强，对土壤要求不严，耐瘠薄，适生于深厚肥沃、湿润而腐殖质丰富的壤土。萌蘖能力强，生长迅速。

繁殖方式：扦插繁殖、种子繁殖。

适用河道：山丘区河道、平原区河道。

种植地带：常水位以上。

8.2.3 藤本植物

1. 常绿藤本

（1）**常春油麻藤** *Mucuna sempervirens* Hemsl.，**豆科，油麻藤属**。

别　　名：常绿油麻藤、牛马藤、棉麻藤。

形态特征：常绿木质藤本，长达10m。茎棕色或黄棕色，粗糙。小枝纤细，淡绿色，光滑无毛。羽状三出复叶；叶柄长5.5~12cm；小叶片革质，全缘，顶生小叶卵状椭圆形或卵状长圆形，长7~13cm，先端渐尖或短渐尖，侧生小叶斜卵形，基部偏斜，上面深绿色，有光泽，下面浅绿色，幼时疏被平伏毛，老时脱落。总状花序生于老茎上，花大，下垂；花冠深紫色或紫红色；荚果扁平，密被金黄色粗毛。种子棕褐色，扁长圆形。花期4~5月，果期9~10月。

生态习性：中性稍耐阴，喜温暖湿润气候。耐干旱，以湿润、肥沃、排水良好的土壤为宜。

繁殖方式：种子繁殖。

适用河道：山丘区河道、平原区河道。

种植地带：设计洪水位以上。

（2）**中华常春藤** *Hedara nepalensis* K.Koch var. *sinensis* (Tobl.) Rehd.，**五加科，常春藤属**。

别　　名：常春藤、爬树藤。

形态特征：常绿攀缘藤本。茎以气生根攀缘，老枝灰白色，幼枝淡青色，被鳞片状柔毛。营养枝上的叶片常为三角形，全缘或3裂；生殖枝上的叶片常为长椭圆状卵形、椭圆状披针形或披针形，全缘，稀1~3浅裂；叶柄长1~8cm，被锈色鳞片。伞形花序顶生，或2~7个组成总状或伞房状；花淡绿白色，具芳香。果球形，直径7~10mm，橙黄色，具宿存花柱，熟时红色或黄色。花期8~10月，果期翌年3~5月。

生态习性：极耐阴，也能在光照充足之处生长。喜温暖湿润环境，稍耐寒，能耐短暂低温。对土壤要求不高，但喜肥沃疏松的土壤。

繁殖方式：扦插繁殖、压条繁殖。

适用河道：山丘区河道、平原区河道、沿海区河道。

种植地带：设计洪水位以上。

（3）**云南黄馨** *Jasminum mesnyi* Hance，**木犀科，茉莉属**。

别　　名：野迎春、云南黄素馨、云南迎春。

形态特征：常绿藤本，高2~3m。树形圆整，枝细长拱形，柔软下垂，绿色，有四棱，无毛。三出复叶，对生，纸质；小叶长椭圆状披针形，顶端1枚较大，基部渐狭成一短梗，侧生2枚较小而无柄。花单生于小枝端部，萼片叶状，披针形；花冠金黄色，径3.5~4cm；3~4月开花。

生态习性：喜光，稍耐阴。喜温暖，略耐寒。耐干旱，瘠薄。对土壤的要求不严，但在土层深厚、肥沃及排水良好的土壤中生长良好。萌蘖力强。

繁殖方式：扦插繁殖、压条繁殖、分株繁殖。

适用河道：山丘区河道、平原区河道。

种植地带：设计洪水位以上。

2. 落叶藤本

（1）**紫藤** *Wisteria sinensis* (Sims) Sweet，**豆科，紫藤属。**

别　　名：藤萝、朱藤。

形态特征：落叶攀缘缠绕性大藤本植物，干皮深灰色，不裂。嫩枝暗黄绿色密被柔毛，冬芽扁卵形，密被柔毛。奇数羽状复叶互生；有小叶7~13枚，长4~11cm，宽2~5cm，卵状椭圆形，先端长渐尖或突尖，叶表无毛或稍有毛，叶背具疏毛或近无毛，小叶柄长2~4mm，被短柔毛。侧生总状花序，长达15~30cm，呈下垂状，总花梗、小花梗及花萼密被柔毛，花紫色或深紫色。荚果扁圆条形，长达10~20cm，密被白色绒毛。种子扁球形，黑色。花期4~5月，果期5~10月。

生态习性：喜光，较耐阴。适应性强，较耐寒，耐水湿、耐干旱及瘠薄土壤。以土层深厚，排水良好的轻壤土最为适宜。缠绕能力强。主根深，侧根浅，不耐移栽。对SO_2、HCl、Cr等有害物质抗性较强。

繁殖方式：种子繁殖、分株繁殖、压条繁殖、扦插繁殖、嫁接繁殖。

适用河道：山丘区河道、平原区河道。

种植地带：常水位以上。

（2）**凌霄** *Campsis grandiflora* (Thunb.) Schum.，**紫葳科，凌霄属。**

别　　名：紫葳、五爪龙、上树龙。

形态特征：落叶藤本。茎木质，有攀缘的气生根，攀附于其他物上。叶对生，奇数羽状复叶，小叶7~9枚；小叶片卵形至卵状披针形，长

3~7cm，宽1.5~3cm，先端渐尖，基部宽楔形，边缘有粗锯齿。顶生聚伞花序或圆锥花序，花冠漏斗状，唇形5裂，鲜红色或橘红色。蒴果长如豆荚。花期7~8月，果期10月。

生态习性：喜阳、温暖、湿润的环境，稍耐阴。较耐水湿并有一定的耐盐碱能力。喜欢排水良好土壤。

繁殖方式：种子繁殖、扦插繁殖、压条繁殖、分株繁殖。

适用河道：山丘区河道、平原区河道。

种植地带：常水位以上。

8.2.4 草本植物

1. 水生草本

（1）**千屈菜** *Lythrum salicaria* Linn.，**千屈菜科，千屈菜属**。

别　　名：水柳、水枝柳、水枝锦 。

形态特征：多年生挺水宿根草本植物，株高40~120cm，全体具柔毛，有时无毛。地下根茎粗硬，木质化，地上茎直立，四棱形，多分枝，具木质化基部。单叶对生或轮生，披针形，长4~6cm，宽8~15mm，先端稍钝或短尖，基部圆或心形，有时稍抱茎。总状花序顶生，花两性，多而小的花朵密生于叶状苞腋中，花玫瑰红或蓝紫色。蒴果椭圆形，全包于宿存萼内。种子多数，细小。花期7~8月。

生态习性：喜温暖、光照充足、通风好的环境。喜水湿，多生长在沼泽地、水旁河道和河边、沟边。在浅水中栽培长势最好，也可旱地栽培。对土壤要求不严，耐盐碱，在肥沃、疏松的土壤中生长更好。

繁殖方式：种子繁殖、扦插繁殖、分株繁殖，以分株繁殖为主。

适用河道：山丘区河道、平原区河道。

种植地带：常水位以下、常水位至设计洪水位。

（2）**水烛** *Typha angustifolia* Linn.，**香蒲科，香蒲属**。

别　　名：狭叶香蒲。

形态特征：多年生水生草本，茎高1~2.5m。叶片线形，长35~100cm，宽0.5~0.8cm，先端急尖，基部扩大成抱茎的鞘，鞘口两侧有膜质叶耳。穗状花序长30~60cm，雄花部分与雌花部分不相连接，中间相隔2~9cm，雄花部分长20~30cm，雌花部分长6~24cm，果期直径1~2cm。小坚果长1~1.5mm。花期6~7月，果期8~10月。

生态习性：喜光，耐寒，宜在土壤肥沃、光线充足的沼泽地或浅水中生长。生长快，但不会过分蔓延生长，病虫害少。

繁殖方式：种子繁殖、根蘖繁殖、分株繁殖。

适用河道：山丘区河道、平原区河道。

种植地带：常水位以下。

（3）**香蒲** *Typha orientalis* Presl.，**香蒲科，香蒲属**。

别　　名：东方香蒲。

形态特征：为多年生宿根性沼泽草本，高1.4~2m，有的高达3m以上。根状茎粗壮，且长而横生。茎圆柱形，直立而中实。叶片扁平线形，长40~70cm，最长可达1m，宽0.5~0.8cm，先端渐尖稍钝，基部扩大成抱茎的鞘，鞘口边缘膜质，直出平行脉多而密。穗状花序圆柱状，雄花部分与雌花部分紧密相接，雄花部分长3~6cm，雌花部分长6~12cm。小坚果长1mm，表面具1纵沟。花期6~7月，果期8~10月。

生态习性：喜光，耐寒，对土壤要求不严，以含丰富有机质的塘泥最好。生于河滩、渠旁、潮湿等多水处，常成丛、成片生长。

繁殖方式：种子繁殖、分株繁殖，常用分株繁殖。

适用河道：山丘区河道、平原区河道。

种植地带：常水位以下。

（4）**窄叶泽泻** *Alisma canaliculatum* A. Br. et Bouche.，**泽泻科，泽泻属**。

别　　名：香瓜草。

形态特征：多年生挺水草本，株高约20~50cm。主茎短，具有短根状茎。叶基生；叶片披针形或线状披针形，长7~16cm，宽1.2~2.8cm，先端渐尖，稍钝，基部楔形，全缘，中脉粗壮，每侧有平行脉2~3条，羽状脉20~30条；叶柄长10~20（~30）cm，基部扩大成鞘。花茎高达1m，由聚伞花序再集成圆锥花序；苞片披针形，长5~10mm；萼片卵形，长2~3mm，宽1.5~2mm；花瓣倒卵形，比萼片小。瘦果侧扁，倒卵形，长2~3mm，宽1.5~2mm。花期6~8月，果期9~10月。

生态习性：喜浅水之地，水位宜保持在10cm左右。对水质要求不严。喜光，怕寒冷，在16~30℃的温度范围内生长良好。

繁殖方式：种子繁殖、分株繁殖。

适用河道：山丘区河道、平原区河道。

种植地带：常水位以下。

（5）**慈姑** *Sagittaria trifolia* Linn. var. *sinesis* (Sims) Makino，**泽泻科，慈姑属**。

别　　名：华夏慈姑。

形态特征：多年生挺水草本，高1m。匍匐茎顶端膨大成球茎。叶基生；沉水叶片线形，挺水叶片箭形，大小变化很大，长5~30cm，分裂成3裂片，顶端裂片宽卵形，宽10cm以上，具3~9脉，羽状脉明显，侧裂片狭长，披针形，长于顶裂片，先端长渐尖；叶柄长20~60cm，三棱形。花茎高20~50cm，出自叶丛中；花单性，常3朵成轮排成总状花序再组成圆锥花序，雄花生于上部，雌花生于下部；花瓣白色，倒卵形，长7~10mm。瘦果侧扁，斜宽倒卵形，长3~4mm，具翅。花期6~9月，果期9~10月。

生态习性：阳性植物，喜光，不耐遮阴。喜温暖、水湿，不耐霜冻和干旱。要求土壤肥力较高，以有机质含量达1.5%以上的壤土或黏壤土为好。生于池塘、湖泊浅水处或水沟、水田中。

繁殖方式：块茎繁殖。

适用河道：山丘区河道、平原区河道。

种植地带：常水位以下。

（6）**芦竹** *Arundo donax* Linn.，**禾本科，芦竹属。**

别　　名：狄芦竹、芦荻竹。

形态特征：多年生草本，高2~6m，具粗壮的根状茎。秆直立，粗大，较芦苇硬而味苦，直径1~1.5cm，常具分枝。叶鞘长于节间，无毛或于颈部具长柔毛；叶舌膜质，截平，长1~1.5mm；叶片扁平，长30~60cm，宽2~5cm。圆锥花序较紧密，直立，长30~60cm；小穗长8~12mm，含2~4花；小穗轴无毛，小穗轴节间长1~1.5mm；颖膜质，披针形，长8~10mm。花果期9~12月。

生态习性：阳性植物，喜温暖湿润气候，耐寒性不强，年降雨量在1000mm以上则生长旺盛。喜水湿，亦耐旱，常生长于河岸。适宜团粒结构良好、排水畅通的砂质壤土，但在贫瘠土壤上也能生长。

繁殖方式：分株繁殖、根蘖繁殖。

适用河道：山丘区河道、平原区河道。

种植地带：常水位以下、常水位至设计洪水位。

（7）**蒲苇** *Cortaderia selloana* (Schult.) Aschers. et Garaebn.，**禾本科，蒲苇属。**

别　　名：白银芦。

形态特征：宿根草本。高1~2m。茎丛生，雌雄异株。叶多聚生于基部，极狭，长约1m，宽约2m，下垂，边缘具细齿，呈灰绿色，被短毛。圆锥花序大，雌花穗银白色，具光泽，小穗轴节处密生绢丝状毛，小穗由2~3花组成。雄穗为宽塔形。花期9~10月。

生态习性：耐寒，喜温暖、阳光充足及湿润气候，对土壤要求不严，易栽培，管理粗放，可露地越冬。

繁殖方式：分株繁殖。

适用河道：山丘区河道、平原区河道。

种植地带：常水位以下、常水位至设计洪水位。

（8）**薏苡** *Coxi lacryma-jobi* (Linn.) var. *ma-yuan* (Roman.) Stapf，**禾本科，薏苡属**。

别　　名：薏米。

形态特征：一年生草本。秆粗壮直立，高1~1.5m，多分枝。叶片长而宽，线状披针形，长30cm，宽1~4cm，先端渐尖，基部近心形，中脉粗厚而于下面凸起；叶鞘光滑；叶舌质硬，长约1mm。总状花序腋生成束，常下倾，长5~10cm，具总梗；小穗单性；雌小穗包藏于一中空、骨质、球形的总苞内，其中一个结实，其他1~2个退化；雄小穗突出于总苞口外，排成穗状花序，披针形，2~3个生于穗轴的每一节上；颖草质；外稃透明质。花果期7~10月。

生态习性：喜温暖而稍潮湿气候，不耐寒。生于河边、溪流边或阴湿河谷中。根系发达，适应性强，耐水湿、耐干旱。对土壤要求不严，但以肥沃的砂质壤土为宜。

繁殖方式：种子繁殖、分株繁殖。

适用河道：山丘区河道、平原区河道。

种植地带：常水位以下、常水位至设计洪水位。

（9）**芦苇** *Phragmites australis*（Cav.）Trin.，**禾本科，芦苇属**。

别　　名：芦、苇。

形态特征：多年生水生或湿生的高大禾草，秆高1~3m，具粗壮的根茎。秆直径2~10mm，节下通常具白粉。叶鞘圆筒形；叶舌极短，长0.5~1mm，先端为一圈纤毛；叶片扁平，长15~45cm，宽1~3.5cm，光滑或边缘粗糙。圆锥花序长10~40cm，微向下垂；小穗长12~16mm，通常含4~7花。花果期7~11月。

生态习性：适应性广，抗逆性强，多生长在江、河、湖、海岸淤滩等地。既能在浅水中生长，又能在季节性积水和地下水位4~5m 深的各种环境下繁茂生长。对土壤的要求不严，但在盐土上生长受抑制，低矮。

繁殖方式：分株繁殖、根蘖繁殖。

适用河道：山丘区河道、平原区河道。

种植地带：常水位以下、常水位至设计洪水位。

（10）**菰** *Zizania caducifolia* (Turcz.) Hard. -Mazz.，**禾本科，菰属**。

别　　名：茭白、茭米、茭儿菜、茭笋。

形态特征：多年生挺水型水生草本，高0.8~1.8m。具根状茎，地上茎可产生2次或3次分蘖，形成蘖枝丛。秆直立，粗壮，基部有不定根，主茎和分蘖枝进入生殖生长后，基部如有茭白黑粉菌寄生，则不能正常生长，形成椭圆形或近圆形的肉质茎。叶互生；叶片扁平，长披针形，长30~100cm，宽约3cm，先端芒状渐尖，基部微收或渐窄，一般上面和边缘粗糙，下面光滑，中脉在背面凸起。叶鞘长而肥厚，互相抱合形成“假茎”。顶生大圆锥花序，长30~60cm，多分枝，上升或展开。雌雄同株，雌花在上，雄花在下。花果期在秋、冬季。

生态习性：喜光，喜温暖湿润气候，萌芽期适温为10~20℃，分蘖期适温为20~30℃。对土质

要求不严，但以土层深厚，富含有机质的黏壤土为好。

繁殖方式： 分株繁殖。

适用河道： 山丘区河道、平原区河道。

种植地带： 常水位以下。

（11）**水葱** *Scirpus tabernaemontani* Gmel.，**莎草科，藨草属**。

别　　名： 管子草、翠管草、冲天草。

形态特征： 多年生宿根挺水草本植物，高1~2m。根状茎匍匐，粗壮，具多数须根。茎秆散生高大，圆柱状、平滑、中空，基部具3鞘或4鞘；鞘长可达38cm，管状、膜质，最上面1叶鞘具叶片；叶片线形，长1.5~11cm。聚伞花序简单或复出，假侧生，具4~13枝或更多个辐射枝；辐射枝可达5cm，边缘有锯齿；小穗单生或2个或3个簇生于辐射枝顶端，卵形或长圆形，顶端急尖或钝圆，长5~10mm，具多数花。小坚果倒卵形或椭圆形，双凸状，少有三棱形，长约2mm。花果期6~9月。

生态习性： 阳性，宜半阴，喜湿润凉爽通风环境。最佳生长温度15~30℃，较耐低温，根状茎在水下可自然越冬。对土壤要求不严，以含丰富有机质的淤泥最好。自然生长在沼泽地、沟渠、池畔、湖畔浅水中。

繁殖方式： 种子繁殖、分株繁殖。

适用河道： 山丘区河道、平原区河道。

种植地带： 常水位以下、常水位至设计洪水位。

（12）**菖蒲** *Acorus calamus* Linn.，**天南星科，菖蒲属**。

别　　名： 臭蒲、白菖蒲、臭草。

形态特征： 多年生水生草本，高5~80cm，有香气。根状茎粗大，稍扁，直径0.5~2.5cm，有多数不定根（须根）。叶基生；叶鞘两侧的膜质部分宽4~5mm；叶片剑状线形，长90~150cm，宽1~3cm，两面均具明显隆起的中脉，侧脉3~5对。总花梗长15~50cm；叶状佛焰

苞剑状线形，长20~40cm；肉穗花序锥状圆柱形，长4~9cm，直径6~20mm；花黄绿色。花期6~7月，果期8~10月。

生态习性：喜光，喜温暖气候，最适宜生长的温度20~25℃，适应性强，对土壤要求不严。生于池塘、湖泊岸边浅水区。

繁殖方式：种子繁殖、分株繁殖。

适用河道：山丘区河道、平原区河道。

种植地带：常水位以下。

（13）**石菖蒲** *Acorus tatarinowii* Schott，**天南星科，菖蒲属**。

别　　名：九节菖蒲、石蜈蚣。

形态特征：多年生常绿草本植物，高30~40cm，全株具香气。硬质的根状茎横走，多分枝，根状茎直径0.5~1.5cm，节间长3~5mm。叶鞘两侧的膜质部分宽2~5mm；叶剑状条形，两列状密生于短茎上，全缘，先端渐尖，有光泽；叶片长10~50cm，宽7~13mm，无中肋，平行脉多数。4~5月开花，花茎叶状，扁三棱形，佛焰苞叶状，肉碎花序狭圆柱形，长2.5~10cm，直径3~7mm；花两性，淡黄绿色，小而密生；总花梗长4~15cm；叶状佛焰苞长13~25cm，通常为肉穗花序的2倍以上。果幼时绿色，成熟时黄绿色或黄白色，浆果肉质，倒卵圆形。花果期4~7月。

生态习性：喜阴湿环境，在郁密度较大的树下也能生长，但不耐阳光暴晒、不耐干旱，稍耐寒。

繁殖方式：种子繁殖、分株繁殖。

适用河道：山丘区河道、平原区河道。

种植地带：常水位以下、常水位至设计洪水位。

（14）**黄菖蒲** *Iris pseudacorus* Linn.，**鸢尾科，鸢尾属**。

别　　名：黄鸢尾。

形态特征：多年生草本，株高50~110cm，植株基部围有少量老叶残留的纤维。根状茎粗壮，斜伸，有明显节结；须根黄白色，有皱缩横纹。基生叶的叶片宽剑形，长40~60cm，宽1.5~3cm，中脉明显。花茎粗壮，高60~70cm，直径4~6mm，具明显纵棱，上部有分枝，茎生叶的叶片较基生叶短而窄；苞片3枚或4枚，膜质，披针形，长6.5~8.5cm，宽1.5~2cm，先端渐尖。花梗长5~5.5cm；花黄色，直径10~11cm。花期5月，果期6~8月。

生态习性：适应性强，喜光耐半阴；耐旱也耐湿，在水边栽植生长更好；砂壤土及黏土都能生长。生长最适宜的温度15~30℃，温度降至10℃以下停止生长。喜生于河湖沿岸的边滩或沼泽地上。

繁殖方式：种子繁殖、分株繁殖。

适用河道：山丘区河道、平原区河道。

种植地带：常水位以下。

2. 陆生草本

（1）**紫花苜蓿** *Medicago sativa* Linn.，**豆科，苜蓿属**。

别　　名：紫苜蓿、苜蓿、牧蓿。

形态特征：多年生草本，株高30~100cm。主根发达，侧根多，主根入土2m以上，在较干旱的地区可达10m左右。茎秆直立或外倾，圆形或菱形，幼茎有疏毛，根状茎发达，根茎膨大生出的分枝一般为15~60个，最多可达100个以上。叶为三小叶，倒卵形，先端较宽，有齿。花为总状花序，腋生8~25朵紫色蝶形花。荚果螺旋形，2~4圈，暗棕色，每荚有种子4~8粒。种子肾形、黄褐色。花期4~5月，果期6~7月。

生态习性：喜温凉、半干旱的气候，生长最适宜的温度在25℃左右。根系发达，主根粗大，有较强的耐寒、抗旱和再生能力。对土壤要求不严，除重黏土、强酸强碱地外，其他土壤可生长。苜蓿的根系入土深广，其根瘤菌能固定空气中的N，根系茂密，盘根错节，能保持水土。

繁殖方式： 种子繁殖。

适用河道： 山丘区河道、平原区河道、沿海区河道。

种植地带： 常水位以上。

（2）**爵床** *Rostellularia procumbens* (Linn.) Nees，**爵床科，爵床属。**

别　　名： 爵卿、香苏、赤眼、小青草。

形态特征： 一年生草本，株高10~50cm。茎绿色，通常具6钝棱及浅槽，沿棱被倒生短毛，节稍膨大，基部伏地。叶对生；叶片椭圆形至椭圆状长圆形，长1.2~6cm，宽0.6~2cm，先端急尖或钝，基部楔形，全缘或微波状，上面贴生横列的粗大钟乳体，下面沿脉疏生短硬毛；叶柄长0.5~1cm。穗状花序顶生或生于上部叶腋，圆柱状，长1~4cm，直径0.6~1.3cm，密生多数小花；花冠二唇形，淡红色或紫红色，稀白色。蒴果线形，长约6mm。种子近卵圆形，两侧压扁，黑色，种皮有瘤状皱纹。花期6~9月，果期9~11月。

生态习性： 耐水湿草本，生长蔓延快，根系固着能力强。

繁殖方式： 种子繁殖、分株繁殖。

适用河道： 山丘区河道、平原区河道。

种植地带： 常水位至设计洪水位。

（3）**狗牙根** *Cynodon Dactylon* (Linn.) Pers.，**禾本科，狗牙根属。**

别　　名： 百慕大草、爬地草、绊根草。

形态特征： 多年生草本植物。具根状茎及匍匐茎，节间长短不等，凡着地节都可以生根，茎秆匍匐地面，长可达2m以上，直立部分高10~30cm。叶片条形，长2~10cm，宽1~3mm。穗状花序长1.5~5cm，小穗灰绿色，长2~2.5mm，呈指状排列于茎顶；颖狭窄，长1.5~2mm，外稃草质兼膜质，与小穗等长，内稃与外稃等长。花果期5~9月。

生态习性：喜光稍耐阴，较抗寒，但在天气寒冷时生长很差，且易遭霜害。能抗较长时期的干旱，耐盐碱。适应的土壤范围极广，从沙土到重黏土各种土壤都能生长，但以潮湿、排水良好的中等重黏土生长最好。

繁殖方式：种子繁殖、根茎繁殖。

适用河道：山丘区河道、平原区河道、沿海区河道。

种植地带：常水位以上。

（4）**黑麦草** *Lolium perenne* Linn.，**禾本科，黑麦草属**。

别　　名：意大利黑麦草。

形态特征：多年生草本，具细弱根状茎。秆丛生，高30~90cm，具3~4节，质软，基部节上生根。叶片线形，长5~20cm，宽3~6mm，柔软，具微毛。穗形穗状花序直立或稍弯，长10~20cm，宽5~8mm；小穗轴节间长约1mm，平滑无毛；颖披针形，为其小穗长的1/3。颖果长约为宽的3倍。花果期5~7月。

生态习性：阳性植物，不耐阴。喜温暖湿润气候，不耐寒。耐水湿，极耐践踏。喜温暖、湿润土壤，适宜土壤pH值范围为6~7。须根发达，但入土不深。路旁湿地常见。

繁殖方式：种子繁殖。

适用河道：山丘区河道、平原区河道。

种植地带：常水位以上。

（5）**五节芒** *Miscanthus floridulus* (Labill.) Warb.**，禾本科，芒属**。

别　　名：芒草、芒杆、大碟子草、大茅草、管芒、管草、寒芒。

形态特征：多年生常绿草本，高1~4m。地下有根茎，具鳞片状叶。秸秆无毛，节下常具白粉，茎粗1~1.5cm。叶互生；叶片披针形，长25~80cm，叶宽1.5~4cm不等；叶鞘无毛或边缘及鞘口有纤毛；叶舌长1~3mm，除上面基部有微毛外，均无毛。圆锥花序宽大而稠密，长30~50cm，主轴延伸达花序尖端或至少达花序的2/3以上，在分枝细弱腋间具微毛，每节具一短柄和长柄小穗，短柄长1~1.5mm，长柄长2.5~3mm；小穗卵状披针形；外稃长圆状披针形，芒长7~10mm。成熟时全穗呈淡黄色。花果期5~11月。

生态习性：喜光，也有一定耐阴性。喜温暖湿润气候，最适宜的气温为25~30℃。耐旱、耐短期水淹。耐瘠薄、耐酸，不择土壤，在肥沃、疏松的土壤中能很快成为优势种。广布于溪流旁及开阔地。

繁殖方式：种子繁殖、分株繁殖。

适用河道：山丘区河道、平原区河道。

种植地带：常水位以上。

（6）**荻** *Miscanthus sacchariflorus* (Maxim.) Benth.**，禾本科，芒属**。

别　　名：红毛公、苫房草、芒草。

形态特征：多年生草本，具粗壮被鳞片的根茎。秆直立，无毛，具多节，节上具须毛，高1~4m。叶鞘无毛或有毛，下部者长于节间；叶舌长0.5~1mm，先端钝圆，具一圈纤毛；叶片线形，长10~60cm，宽4~12mm，除上面基部生柔毛外余均无毛。圆锥花序扇形，长20~30cm，主轴无毛，仅在总状花序腋间有短毛；小穗草黄色，成熟后带褐色，狭披针形，长4.5~6mm。花果期8~11月。

生态习性：生态适应能力强，较五节芒更耐水湿。常生于河流两岸、山坡草地和平原岗地。

繁殖方式：种子繁殖、分株繁殖。

适用河道：山丘区河道、平原区河道。

种植地带：常水位以上。

（7）**芒** *Miscanthus sinensis* Anderss.，**禾本科，芒属**。

别　　名：芭茅。

形态特征：多年生草本。高0.8~2m。叶鞘长于节间，除鞘口有长柔毛外均无毛；叶舌钝圆，长1~2mm，先端具小纤毛；叶片线形，长20~60cm，宽5~15mm，无毛或下面疏生柔毛并被白粉。圆锥花序扇形，长15~40cm，主轴无毛或被短毛，最长仅延伸至中部以下；总状花序较强壮而直立；每节具一短柄和一长柄小穗；小穗披针形，长4~5.5mm；小穗柄无毛，顶端膨大，短柄长1.5~3mm，长柄向外开展，长4~6mm。花果期7~11月。

生态习性：阳性植物。喜光，喜湿润，耐寒，对温度要求不严格。适应性强，耐旱、耐瘠薄，能适应多种土壤类型，在酸性黄壤土、黄棕壤土上生长良好。侵占力强，地下茎发达，能迅速形成大面积草地。常生长于溪边、路旁及荒野。

繁殖方式：种子繁殖、分株繁殖。

适用河道：山丘区河道、平原区河道。

种植地带：常水位以上。

（8）**斑茅** *Saccharum arundinaceum* Retz.，**禾本科，甘蔗属**。

别　　名：大密。

形态特征：多年生草本，株高2~4m。秆粗壮，直径达2cm。叶鞘长于节间，叶舌短，长1~3mm，先端截平；叶片线状披针形，长达150cm，宽2~2.5cm，上面基部密生柔毛，下

面无毛，边缘小刺状粗糙。圆锥花序大型，长30~60cm，主轴无毛；穗轴节间长3~6mm，顶端稍膨大，具长丝状纤毛；小穗披针形，长3.5~4mm，基盘具短柔毛；颖纸质。花果期5~11月。

生态习性： 喜光，喜温暖湿润气候。耐水湿，耐干旱瘠薄，对土壤的要求不严，但疏松、肥沃的砂质壤土上生长更好。常生于山坡和河岸。

繁殖方式： 种子繁殖、分株繁殖。

适用河道： 山丘区河道、平原区河道。

种植地带： 常水位以上。

（9）**萱草** *Hemerocallis fulva* (Linn.) Linn.，**百合科，萱草属。**

别　　名： 忘萱草。

形态特征： 根状茎极短，不明显；根多数，稍肉质，其中一部分顶端膨大呈棍棒状或纺锤状。叶基生，2列；叶片宽线形至线状披针形，长40~80cm，宽1.5~3.5cm，通常鲜绿色。花葶高可达1.2m；圆锥序花近2岐蜗壳状；花大型，橘红色，无香气，近漏斗状，长7~12cm，通常清晨开放，当日傍晚凋谢；花梗长约5mm；花被片下部合生成长2~3cm的花被筒。蒴果长圆形，长2.5~3.5cm，具钝3棱。种子黑色，有棱角。花期6~8月。

生态习性： 喜温暖，喜阳光，耐半阴。耐干旱，适应性广，但以疏松、肥沃、湿润土壤生长最好。抗病虫能力强。生于山坡林下或沟边阴湿处。

繁殖方式： 分株繁殖。

适用河道： 山丘区河道、平原区河道。

种植地带： 常水位以上。

（10）**石蒜** *Lycoris radiata* (L'Her.)Herb.，**石蒜科，石蒜属**。

别　　名：螳螂花、龙爪花。

形态特征：一年生草本。鳞茎宽椭圆形或近圆球形，直径1~3.5cm，鳞茎皮紫褐色。叶秋季抽出，至次年夏季枯死；叶片狭带状，长14~30cm，宽约0.5cm，先端钝，深绿色，中间有粉绿色带。花茎高约30cm；伞形花序有4~7花；总苞片干膜质，棕褐色，披针形；花鲜红色；花被管绿色，长5~6mm，裂片狭倒披针形，长约3cm，宽约0.5cm，强度皱缩并向外卷曲；雄蕊约比花被长1倍。花期8~10月，果期10~11月。

生态习性：喜光，耐半阴；耐高温、不耐寒；喜湿润，耐干旱；喜排水良好、富含腐殖质的砂质壤土。生于阴湿山坡、沟边石缝处、林缘及山地路边。

繁殖方式：分球繁殖。

适用河道：山丘区河道、平原区河道。

种植地带：常水位以上。

（11）**蕉芋** *Canna edulis* Ker-Gawl.，**美人蕉科，美人蕉属**。

别　　名：姜芋、蕉藕。

形态特征：多年生草本植物，株高2~3m。茎粗壮，紫色。叶片椭圆状卵形或长圆形，长30~70cm，宽10~25cm，先端急尖，基部宽楔形，仅边缘和脉上或下面带紫色。总状花序稍超出叶片之上；总苞片紫红色，长10~12cm；苞片带紫红色，倒卵状椭圆形，长1~1.2cm；花通常单生于苞片内。花期10月。

生态习性：生命力强，根系较发达，有较强的固土护坡能力。

繁殖方式：分株繁殖、块茎繁殖。

适用河道：山丘区河道、平原区河道。

种植地带：常水位以下、常水位至设计洪水位。

(12) **美人蕉** *Canna indica* Linn.，**美人蕉科，美人蕉属**。

别　　名：昙华，莲蕉花。

形态特征：多年生草本，株高1~1.8m。根茎肥大；茎叶绿色，具白粉；叶片长圆形，长10~40cm，宽5~15cm，先端渐尖，基部渐狭。总状花序略超出叶片之上；总苞片绿色，长10~15cm；苞片绿白色，宽卵形，长1~2cm；花单生或孪生于苞片内。花期6~10月。

生态习性：喜温暖和充足的阳光，不耐寒。对土壤要求不严，在疏松、肥沃、排水良好的沙壤土中生长最佳，也适应于肥沃黏质土壤生长。

繁殖方式：分株繁殖、种子繁殖。

适用河道：山丘区河道、平原区河道。

种植地带：常水位以下、常水位至设计洪水位。

附录 A 术语与定义

1. 河道——水流的通道，包括主槽及两岸堤防或岸线之间的水面、边滩和沙洲。

2. 生态河道——自然或经人工改造的，不仅能满足河道基本功能，而且能长期维持河道生物多样性和生态平衡，达到自然环境与人文环境和谐发展的河道。

3. 河道类型——按照河道所在区域的地形、地貌特征，将河道划分为山丘区河道、平原区河道和沿海区河道。

4. 常水位——某一河段或断面经常出现的水位。在自然状态下，相当于50%保证率的水位；有闸坝控制的河段，为非汛期闸坝控制的正常水位。

5. 设计洪水位——某一河段或断面，对应于保护区设计防洪标准（如50年一遇）的水位。同一断面不同防洪要求的两岸（如一岸是零星农田，另一岸是城市），防洪标准不同，设计洪水位也不相同。

6. 河道植物——生长在河流水体、边滩、沙洲及堤岸的植物。

7. 植物措施——为固岸护坡、净化水质、改善环境等，在河道堤岸、水面、边滩、沙洲等区域种植植物、构建植被带的技术手段。

8. 乔木树种——树身高大的树木，由根部发生独立的主干，树干和树冠有明显区分。

9. 灌木树种——树身相对矮小，没有明显主干，近地面处就生出许多枝条或为丛生状态的植物。

10. 藤本植物——茎干细长，不能直立，攀附在大树或其他物体上生活的植物，包括木质藤本和草质藤本两类。

11. 草本植物——具有草质茎（茎内木质部不发达、柔软，不会加粗）的植物。

12. 植物生活型——植物对综合环境的长期适应，在外貌上表现出相似性和一致性的植物类型。

13. 陆生植物——在陆地上生长的植物，包括湿生植物、中生植物和旱生植物。

14. 中生植物——界于旱生植物和湿生植物之间的植物。它们对水分的要求比较适中，既不能忍耐长期干旱，也不能在长期水涝条件下生长。

15. 湿生植物——在潮湿环境中才能正常生长，不能忍受长时间水分不足、抗旱能力最小的一类陆生植物。

16. 水生植物——在水中才能正常生长发育的植物，包括沉水植物、浮水植物和挺水植物。

17. 沉水植物——根扎于水下泥土之中，全株沉没于水面之下的植物。如，菹草、黑藻、狐尾藻、石龙尾、水盾草等。

18. 浮水（漂浮）植物——茎叶或叶状体漂浮于水面，根系悬垂于水中漂浮不定的植物，常见的有大漂、浮萍、凤眼莲等。

19. 挺水植物——茎叶伸出水面，根和地下茎埋在泥里的植物，常见的有水葱、香蒲、菖蒲、芦苇等。

20. 浮叶植物——根生长在水下泥土之中，叶柄细长，叶片自然漂浮在水面上的植物，常见的有睡莲、菱等。

21. 土著植物（乡土植物）——当地固有的、自然分布于本地生长的植物。土著植物长期生长在自然分布区内，对本地区的气候和土壤条件有较强的适应性。

22. 外来植物——那些在自然分布范围及扩散潜力以外的植物。

23. 外来入侵植物——从原生地经自然或人为的途径，传播到另一环境定居、繁殖和扩散，最终明显影响、危害迁居地生态环境等的植物。能够成功入侵的外来物种，往往具有生态适应能力强、繁殖能力强和传播能力强等特点。

24. 生物多样性——各种生命形式的植物、动物及其基因和形成的错综复杂的生态系统。它包括物种多样性、遗传多样性和生态系统多样性三个方面的内涵。

25. 种群——在一定时间内，占据一定空间的同种生物的所有个体。

26. 植物群落——各种植物在外界环境条件影响下，在一定地段上相互适应地有规律的组合。每种植物群落都具有自身的特性，并不断发展变化。

27. 盖度——植物地上部分垂直投影所覆盖的面积占地表面积的百分比，可分为种盖度、层盖度和总盖度（群落盖度）。

28. 定植——树苗在苗圃里生长1~2年后移植到固定的地方。

29. 客土——由于栽植地点缺乏土壤或土壤不适合植物生长而需要别处提供的土壤。

30. 假植——苗木栽种或出圃前的一种临时性保护措施。挖出的苗木如不立即定植，则暂时将其集中栽植在无风害、冻害和积水的小块土地上，以免失水枯萎，影响成活。

31. 容器苗——在装有培养基质的各种容器中所培育的苗木。

附录 B

化学符号表

(按拼音顺序)

中文名称	化学符号
氨氮	NH_4-N
氮	N
氮氧化物	NO_x
二氧化硫	SO_2
二氧化碳	CO_2
氟	F
氟化氢	HF
铬	Cr
过磷酸钙	$Ca(H_2PO_4)_2 \cdot H_2O$
化学需氧量	COD
磷	P
磷酸二氢钾	KH_2PO_4
硫酸亚铁	$FeSO_4$
氯气	Cl_2
铅	Pb
溶解氧	DO
五日生化需氧量	BOD_5
氧气	O_2
总氮	TN
总磷	TP

参 考 文 献

[1] 常磊，朱清科，薛智德.对恢复生态学几个问题的探讨［J］.西北林学院学报，2008，1:44-49.

[2] 陈海波. 网格反滤生物组合护坡技术在引滦入唐工程中的应用［J］.中国农村水利水电，2001，(8) :47-48.

[3] 陈小华，李小平. 河道生态护坡关键技术及其生态功能［J］. 生态学报，2007，27(3) :116-117.

[4] 陈竺，邢雪荣. 2005年国内外生命科学与生物技术进展［J］.中国科学院院刊，2006，3: 224-233.

[5] 邓红兵，王青春，王庆礼，等. 河岸植被缓冲带与河岸带管理［J］. 应用生态学报，2001，12 (6) : 951-954.

[6] 董哲仁，孙东亚.生态水利工程原理与技术［M］. 北京:中国水利水电出版社，2007.

[7] 董哲仁. 生态水工学的工程理念［J］.中国水利，2003，1:63-66.

[8] 董哲仁. 生态水工学的理论框架［J］.水利学报，2003，(1)，1-6.

[9] 董哲仁.生态水工学——人与自然和谐的工程学［J］.水利水电技术，2003，1:14-16，25.

[10] 高甲荣，肖斌，牛健植. 河溪近自然治理的基本模式与应用界限［J］.水土保持学报，2002，16(6):84-88.

[11] 高永胜，叶碎高，郑加才. 河流修复技术研究［J］.水利学报，2007，s1:592-596.

[12] 郭晋平. 森林景观生态研究［M］. 北京:北京大学出版社，2001.

[13] 郭逍宇，张金屯，宫辉力，等. 安太堡矿区植被恢复过程主要种生态位梯度变化研究[J]. 西北植物学报，2004，24(12):2329-2334.

[14] 韩玉玲，李贺鹏，岳春雷，等.应用植物措施进行河道生态建设技术的研究现状[J]. 浙江林业科技，2008，28(4):95-100.

[15] 韩玉玲，邵利萍，章胜军，等. 浙江省河流生态修复的实践［J］.中国农村水利水电，2008，8:25-28.

[16] 韩玉玲，严齐斌，应聪慧，等. 应用植物措施建设生态河道的认识和思考［J］.中国水利，2006，20:9-12.

[17] 韩玉玲，岳春雷，李贺鹏，等. 河道生态建设——河道植物资源［M］.北京:中国水利水电出版社，2009.

[18] 邵利萍，韩玉玲. 植物措施在围垦河道整治中的应用技术探讨［J］.水利水电技术，2009，1:41-43.

[19] 郝云庆，李旭光，何丙辉. 生态恢复过程中华山松林与天然林主要种群的生态位特征比较 — 以巫溪县红池坝为例［J］.应用与环境生物学报，2004，10 (5) : 591-595.

[20] 何东进，洪伟，胡海清. 景观生态学的基本理论及中国景观生态学的研究进展［J］.江西农业大学学报，2003，25(2):276-282.

[21] 侯元兆.中国森林资源核算研究［M］.北京:中国林业出版社，1995.

[22] 胡海泓.生态型护岸及其应用前景［J］.广西水利水电，1999，(4):57-59.

[23] 李少宁，王兵，郭浩，等.大冈山森林生态系统服务功能及其价值评估［J］.中国水土保持科学，2007，5(6):58-64.

[24] 李小平，张利权.土壤生物工程在河道坡岸生态修复中应用与效果［J］.应用生态学报，2006，17(9):1705-1710.

[25] 林武，陈敏，罗建中，等. 生态工程技术治理污染水体的研究进展［J］. 广东化工，2008，35(4):42-46.

[26] LY/T 1721－2008森林生态系统服务功能评估规范［S］.

[27] 林勇，张万军，吴洪桥，等.恢复生态学原理与退化生态系统生态工程［J］.中国生态农业学报，2001，9(2):35-37.

[28] 马世骏. 现代生态学透视［M］. 北京:科学出版社，1989.

[29] 欧阳志云，王效科，苗鸿.中国陆地生态系统服务功能及其生态经济价值的初步研究

[J] .生态学报，1999，19(5):607-613.

[30] 欧阳志云，赵同谦，赵景柱，等.海南岛生态系统生态调节功能及其生态经济价值研究 [J] .应用生态学报，2004，15(8):1395-1402.

[31] 潘纪荣，马申炎，孙金森.慈溪市生态河道建设初探 [J] .浙江水利科技，2006，4:56-57.

[32] 潘树林，王丽，辜彬.论边坡的生态恢复 [J] .生态学杂志，2005，24(2):217-221.

[33] 任海，彭少麟.恢复生态学导论 [M] . 北京:科学出版社，2002.

[34] 师尚礼.生态恢复理论与技术研究现状及浅评 [J] . 草业科学，2004，21(5):1-5.

[35] 水利工程维修养护定额标准 [S] . 2004.

[36] SL72－94水利建设项目经济评价规范 [S] .

[37] 水利建筑工程概算定额 [S] .郑州:黄河水利出版社，2002.

[38] 宋国防，贾湖. 工程经济学 [M] .天津:天津大学出版社，2000.

[39] 苏彩燕，周勤.珠江流域城市河道的综合整治建议与可持续发展 [J] .水利规划与设计，2006，3:19-21.

[40] 孙凡，冯沈萍.论恢复生态学原理及其在三峡库区退耕还林（草）中的指导作用 [J] .中国农业科技导报，2001，3(1):17-20.

[41] 孙儒泳.动物生态学原理 [M] .3版 .北京:北京师范大学出版社，2001.

[42] 田硕.城市河道护岸规划设计中的生态模式 [J] .中国水利，2006，20:13-16.

[43] 田兴军.生物多样性及其保护生物学 [M] . 北京:化学工业出版社，2005.

[44] 王伯荪.植物群落学 [M] . 北京:高等教育出版社，1987.

[45] 王广建.林木资产动态评估系统模型的建立 [J] .东北林业大学学报，2002，30(4):67-70.

[46] 王文野，王德成.城市河道生态护坡技术的探讨 [J] .吉林水利，2002，11:24-26.

[47] 王献傅.生物多样性的概念及其在研究红壤利用上的应用 [C] .红壤生态系统(第二

集). 江西:江西科学技术出版社，1993.

[48] 王治国，等.林业生态工程学［M］.北京:中国林业出版社，2000.

[49] 邬建国.景观生态学——概念与理论［J］.生态学杂志，2000，19(1):42-52.

[50] 武春友，张米尔.技术经济学［M］.大连:大连理工大学出版社，1998.

[51] 夏继红，严忠民.国内外城市河道生态型护岸研究现状与发展趋势［J］.中国水土保持，2004，3:20-21.

[52] 向成华，刘洪英，何成元.恢复生态学的研究动态［J］.四川林业科技，2003，2:19-23.

[53] 肖寒，欧阳志云，赵景柱，等.森林生态系统服务功能及其生态经济价值评估初探——以海南岛尖峰岭热带森林为例［J］.应用生态学报，2000，11(4):481-484.

[54] 谢安周，王学仁，李存斌. 实用水利经济与管理词典［M］.北京:中国科学技术出版社，1998.

[55] 谢浩东，杨鹏飞.城市可持续发展理论的研究维度［J］.城市住宅，2008，9:58-60.

[56] 谢红.永安林业永安经营区森林生态系统公共服务功能经济分析［J］.林业经济问题，2007，27(6):516-520.

[57] 徐化成.景观生态学［M］.北京:中国林业出版社，1996.

[58] 薛达元.生物多样性的经济价值评估:长白山自然保护区案例研究［M］.北京:中国环境科学出版社，1997 :52-80.

[59] 颜京松，王如松.近十年生态工程在中国的进展［J］.农村生态环境，2001，17(1):1-9.

[60] 杨利民，周广胜，王国宏.草地群落物种多样性维持机制的研究II 物种实现生态位[J]. 植物生态学报，2001，25(5):634-638.

[61] 杨书润.以生态工程学方法用植物净化水质［J］.中国环保产业，2003，2:26-27.

[62] 杨艳生.第四纪红黏土侵蚀区生物多样性恢复重建研究（I）恢复重建原则和模式

[J] .水土保持研究，1998，5(2):77-81.

[63] 杨震，薛原.环境科学:一个新的研究范式的建立 [J] .中国环境科学，1994，14(3):230-233.

[64] 叶建军，许文年，鄢朝勇，等.边坡生物治理回顾与展望 [J] .水土保持研究，2005，12(1):173-177.

[65] 叶碎高，王帅，聂国辉.水土保持与绿水资源保护 [J] .中国水土保持，2008，6:7-10.

[66] 叶碎高，王帅，张锦娟.河道植物措施与生物多样性研究进展与展望 [J] .水利与建筑工程学报，2008，6(2):41-43.

[67] 叶碎高，王帅.河道植物对水文过程的影响研究进展 [J] .水资源与水工程学报，2008，19(2):19-22.

[68] 叶碎高，王帅.水源地农业面源污染防治研究进展 [J] .中国水利，2008，5:18-20.

[69] 于辉，谷艳华，张银岭，等.森林植被恢复的原理及应用 [J] .林业勘查设计，2005，1:49-50.

[70] 余作岳，彭少麟.热带亚热带退化生态系统植被恢复生态学研究 [M] .广州:广东科学技术出版社，1996.

[71] 余作岳.广东热带沿海侵蚀地的植被恢复生态学研究 [C] .植被生态学研究编辑委员会编辑.植被生态学研究.北京:科学出版社，1994.

[72] 詹卫华.现代水利工程要注入文化血液 [J] .河南水利，2006，5:34.

[73] 张建春.河岸带功能及其管理 [J] .水土保持学报，2001，15(6):143-146.

[74] 张利权，李小平. 浅谈生态河道建设 [C] . 生态河道研讨会论文集. 中国浦东，2005.

[75] 张小红.森林生态产品的价值核算 [J] .青海大学学报：自然科学版，2007，3.

[76] 张颖.森林社会效益价值评价研究综述 [J] .世界林业研究，2004，17(3):6-11.

[77] 章家恩，徐琪.恢复生态学研究的一些基本问题探讨 [J] .应用生态学报，1999，

10(1):109-113.

[78] 赵景柱，肖寒.生态系统服务的物质量与价值量评价方法的比较分析［J］.应用生态学，2000，11(2):290-292.

[79] 赵聚国，叶碎高，岳春雷，等.浙江省平原地区河道植物种类调查与筛选［J］.浙江水利科技，2007，5:13-15.

[80] 赵延茂.黄河三角洲自然保护区科学考察集［M］.北京:中国林业出版社，1995.

[81] 浙江省水土保持植物工程概算定额［S］.2005.

[82] 浙江省植物志编辑委员会.浙江植物志［M］.杭州:浙江科学技术出版社，1989-1993.

[83] 中国科学院“中国植物志”编辑委员会.中国植物志［M］.北京:科学出版社，1959-1985.

[84] 中国生物多样性国情研究报告编写组.中国生物多样性国情研究报告［R］.北京:中国环境科学出版社，1998.

[85] 周跃.植被与侵蚀控制:坡面生态工程基本原理探索［J］.应用生态学报，2000，11(2):297-300.

[86] 朱玉林，陈洪.基于可持续发展理论的林业循环经济研究［J］.生态经济，2007，121:108-110.

[87] Austin M.P.，Nicholis A.O.，Margules C.R. Measurement of the realized qualitative niche: environmental niches of five Eucalyptus species［J］. Ecological Monographs，1990，60(2): 161-177.

[88] Barker D. H. Vegetation and Slopes: Stabilization，protection and ecology［M］. London: Thomas Telford Press，1995.

[89] Belt G.H.，O’Laughlin J.，Merrill T. Design of forest riparian buffer strips for the protection of water quality: analysis of scientific literature［C］. Idaho Forest，Wildlife and Range Policy Analysis Group，1992.

[90] Churc M. Geomorphic thresholds in riverine landscapes［J］. Freshwater Biology，

2002，47:54-57.

[91] Daily G. Natures Services: Societal Dependence on Natural Ecosystems [M] . Washington DC: Island Press，1997: 227-232.

[92] Doledec S.，Chessel D.，Gimaret-Carpentier C. Niche separation in community analysis: a new method [J] . Ecology，2000，81(10): 2914-2927.

[93] Elton C. Animal Ecology [M] . London: Sidgwick and Jackson，1927.

[94] Forman R T.T.，Godron M. Landscape Ecology [M] . New York: Wiley & Sons，1986.

[95] Forman R.T.T. Land Mosaics: The Ecology of Landscapes and Regions [M] . Cambridge University Press，1995.

[96] Gray D.H.，Sotir B. Biotechnical Stabilization of Steepened Slopes [C] . Paper Present at the Transportation Research Board 746th Annual Meeting，January 1995. Washington D.C，1995.

[97] Gray D.H.，Leiser A.T. Biotechnical Slope Protection and Erosion Control [M] . New York: VNR Company Inc，1982.

[98] Gray D.H.，Ohashi H. Mechanics of Fiber Reinforcement in Sand [J] . The Journal Geotechnical Engineering，1983，109(3): 335-353.

[99] Gray D. H.，Sotir B. Biotechnical and Soil Bioengineering Slope Stabilization ——A Practical Guide for Erosion Control [M] . New York : John Wiley and Sons，Inc.，1996.

[100] Grinell J. The niche relationship of the *California thrasher* [J] . Auk，1917，21: 364-382.

[101] Hirzel A.H.，Hausser J.，Chessel D. Ecological-niche factor analysis: how to compute habitat-suitability maps without absence data [J] . Ecology，2002，83(7): 2027-2036.

[102] Hutchinson G.E. A Treatise on Limnology，Vol. 1 Geography physics and chemistry

[M]. New York: John Wiley & Sons, 1957.

[103] Johnson E A. Succession an unfinished revolution [J] . Ecology, 1979, 60: 238-240.

[104] Li X., Zhang L., Zhang Z. Soil bioengineering and the ecological restoration of riverbanks at the Airport Town, Shanghai, China [J] . Ecological Engineering, 2006, 26(3): 304-314.

[105] Ma Shijun. Ecological engineering: application of ecosystem principles [J] . Environmental Conservation, 1985, 12: 331-335.

[106] Maher M.H., Gray D.H. Static response of sands reinforced with randomly distributed fibers [J] . Journal of Geotechnical Engineering, ASCE, 1990, 116(11): 1661-1677.

[107] Malmqvist B., Rundle S. Threats to running water ecosystems of the world [J] . Environmental Conservation, 2002, 29: 134-153.

[108] Middleton B.A. Wetland Restoration, Flood Pulsing and Disturbance Dynamics [M] . New York: John Wiley & Sons, 1999.

[109] Mitsch W.J., Jørgensen S.E. Ecological Engineering: An introduction to Ecotechnology [M]. New York: John Wiley & Sons, 1989.

[110] Mitsch W.J., Jørgensen S.E., Ecological Engineering and Ecosystem Restoration [M]. New York: John Wiley & Sons, 2004.

[111] Mohan J.E., Clark J.S., Schlesinger W.H. Long-term CO_2 enrichment of a forest ecosystem: implications for forest regeneration and succession [J] . Ecological Applications, 2007, 17(4): 1198-1212.

[112] Nilsson C. Conservation management of riparian communities. In: Ecological principles of nature conservalion (Hansen L, ed.) [M] . London: Elsevier Applied Science, 1992.

[113] Odum H.T. Ecological Engineering and Self-Organization. In: W.J. Mitsch and S.E. Jørgensen (Editors), Ecological Engineering: An Introduction to Ecotechnology [M] .

New York: John Wiley & Sons, 1989.

[114] Overpeck J.T., Bartlein P.J., Webb T. III. Potentialmagnitude of future vegetation change in Eastern North America: comparisonswith the past [J] . Science, 1991, 254(5032): 692-695.

[115] Palmer M.A., Bernhardt E., Chornesky, E., et al. Ecology for a crowded planet [J] . Science, 2004, 304: 1251-1252.

[116] Palmer M. A., Bernhardt E.S., Allan J.D., et al. Standards for ecologically successful river restoration [J] . Journal of Applied Ecology, 2005, 42: 208-217.

[117] Patten B.C. Concluding remarks. Network ecology: indirect determination of the life-environment relationship in ecosystems. In: Higashi, M. and Burns, T. P. (eds), Theoretical Studies of Ecosystems the Network Perspective [M] . Cambridge Univ. Press, 1991.

[118] Peterjohn W.T., Correll D. L. Nutrient dynamics in an agricultural watershed: observations on the Role of a riparian forest [J] . Ecology, 1984, 65(5): 1466-1475.

[119] Saaty T.L., Bennett J. P. A theory of analytical hierarchies applied to political candidacy [J]. Behavioral Science, 1997, 22: 237-245.

[120] Seifert A. Naturnäherer Wasserbau [J] . Deutsche Wasserwirtschaft, 1938, 33(12):361-366.

[121] Selby P. From cropland to wetland to classroom [J] . Land and Water, 2002, 44(5): 55-57.

[122] Serafy S. Pricing the invaluable: the value of the world. Ecosystem services and natural capital [J] . Ecological Economics, 1998, 25:25-27.

[123] Silvertown J., Dodd M., Gowing D. Phylogeny and the niche structure of meadow plant communities [J] . Journal of Ecology, 2001, 89(3): 428-435.

[124] Stanford J.A., Word J.V. An ecosystem perspective of alluvial rivers: connectivity and

the hyporheic corridor [J] . Journal of the North American Benthological Society, 1993, 12: 48-60.

[125] Tate K.W., Atwill E. R., George M. R., et al. Cryptosporidium parvum transport from cattle fecal deposits on California rangeland [J] . Journal of Range Management, 2000, 53: 295-299.

[126] Tate K. W., Nader G. A., Lewis D.J., et al. Evaluation of Buffers to Improve the Quality of Runoff from Irrigated Pastures [J] . Journal of Soil and Water Conservation, 2000, 55(4): 473-478.

[127] Tilman D., May R.M., Lehman C. L., et al. Habitat destruction and the extinction debt [J]. Nature, 1994, 371(6492): 65-66.

[128] Van der Valk. Succession theory and wetland restoration [C] . Perth:Proceedings of INTECOL'V International Wetlands Conference, 1999.

[129] Ward J. V. , Stanford J.A. The serial discontinuity concept: extending the model to floodplain rivers [J] . Regulated Rivers: Research & Management, 1995, 10: 159-168.

[130] Ward J. V., The four-dimensional nature of lotic ecosystems [J] . Journal of the North American Benthological Society, 1989, 8:2-8.

[131] Woolsey S., Capelli F., Gonser T., et al. A strategy to assess river restoration success [J]. Freshwater Biology, 2007, 52: 752-769.